小祝政明の実践講座

1

有機栽培の肥料と堆肥

つくり方・使い方

小祝政明 著

Koiwai Masaaki

農文協

はじめに

前著『有機栽培の基礎と実際』を上梓してから二年近くの歳月が経とうとしている。この間、各地の農家の方から多くの励ましとご批判をいただき、同時に、有機栽培についての質問も数多くお寄せいただいた。

当初は、そのような質問に答えるべく作物別有機栽培の単行本を考えていたのだが、有機栽培の資材についての考え方をきちんと整理しておかなければならないことに気づいたことが、本書をまとめるきっかけとなった。

化成栽培に比べて有機栽培では、非常に多様な資材が使われており、品質の幅が大きい。優れた有機の資材がある反面、どう考えても有用でないものもある。

そして、「思うような成果が上がっていない（上がらなくなった）」という農家の方の話を伺ってみて、成果の上がらない要因が、有機栽培の特徴をしっかりと把握していないことからくる、有機質資材のつくり方や選び方、使い方のまちがいであることに気づいたのである。

そこで前著で明らかにした有機栽培理論をもとに、有機栽培に有用な資材はどんなもので、どのような考えのもとに、どのようにつくり、使っていけばよいのかを、「現段階で」明らかにしたのが本書である。

本書はいわば、有機栽培の「資材編」ということになる。前著『有機栽培の基礎と実際』と、あわせてお読みいただければ、得るものはより大きいと思う。

二〇〇七年一〇月

小祝　政明

目次

目次

目次

目次

第5章　生育の調整役のミネラル肥料

目次

図解

はじめての有機栽培

※本書で使っている有機栽培の用語は，一般の農業書で使われていないものや，意味が異なるものもある。また，意味があいまいな用語もあると思う。そこで，巻末の付録として用語集を設けている。各章で初めて出てくる用語は**太字**になっているので，わからないときは巻末・用語集を参照されたい。

有機で使う三つの資材

小祝　私の考えている有機栽培で使う主な資材は上の三つです。堆肥はご存知のとおりだけど、**アミノ酸肥料**や**ミネラル肥料**といういい方はあまりなじみがないかもしれないね。

幸夫　**アミノ酸**は液肥で使ったことはあるけど……。

小祝　アミノ酸肥料というのはボカシ肥とかいわれている発酵肥料のこと。チッソを多く含むので、有機栽培のチッソ肥料にあたる。ミネラル肥料というのは石灰や苦土、カリ、リン、**微量要素**などのこと。

幸夫　わざわざそんなふうに呼び名を変えているのはわけがあるのかい。

小祝　そのとおり。有機栽培ではこれら三つの資材の特徴をはっきり意識してもらうために、呼び方を変えているんだ。

魔法の資材なんてない

幸夫　ふーん、ふつうの栽培とあまり変わらない資材だね。もっとこう、これを使えば有機で大増収っていう資材はないのかい。

小祝　そんな魔法みたいな資材はないよ。そんなこといって、幸夫さんは、うまい話に乗って、妙な資材を買った経験が、何度かあるんじゃないの。

幸夫　おっと、痛いところを突かれたなぁ。

小祝　でも大丈夫、これから有機の勉強をしていけば、資材の見方もきっちりわかるようになるから。

幸夫　ところで、そのミネラル肥料というのは石灰とか苦土のことだろう。以前から有機栽培をやっている人に聞いたら、**ミネラル**は土の中にあるし、ボカシにも含まれているから、有機栽培では、ことさらやらなくても大丈夫っていってたけど、どうなのかな。

有機栽培にミネラルは必要ない？

小祝　なるほどね。たしかに、そんなふうにいう有機のベテラン農家はけっこう多いんだ。でも、その人の作柄最近どう？　あまり芳しくないんじゃない。

幸夫　えっ、よくわかるね。実は、最近はちょっと低迷ぎみなんだ。

前は、無農薬なのに収量も品質もよくて、それで病気や虫がつかないんだから、オレなんてとてもかなわない、と思っていた。けど、この頃はオレと変わらないし……。

小祝　病気や虫もけっこう出ているんじゃないの。

幸夫　そうなんだよ。実は、そんな様子を目にしているものだから、有機に替えても大丈夫かなって心配になっていたんだ。それで勉強をしに来たっていうのがホントのところなんだ。

そういう人、けっこう多いの？

《有機栽培の頭打ち現象》

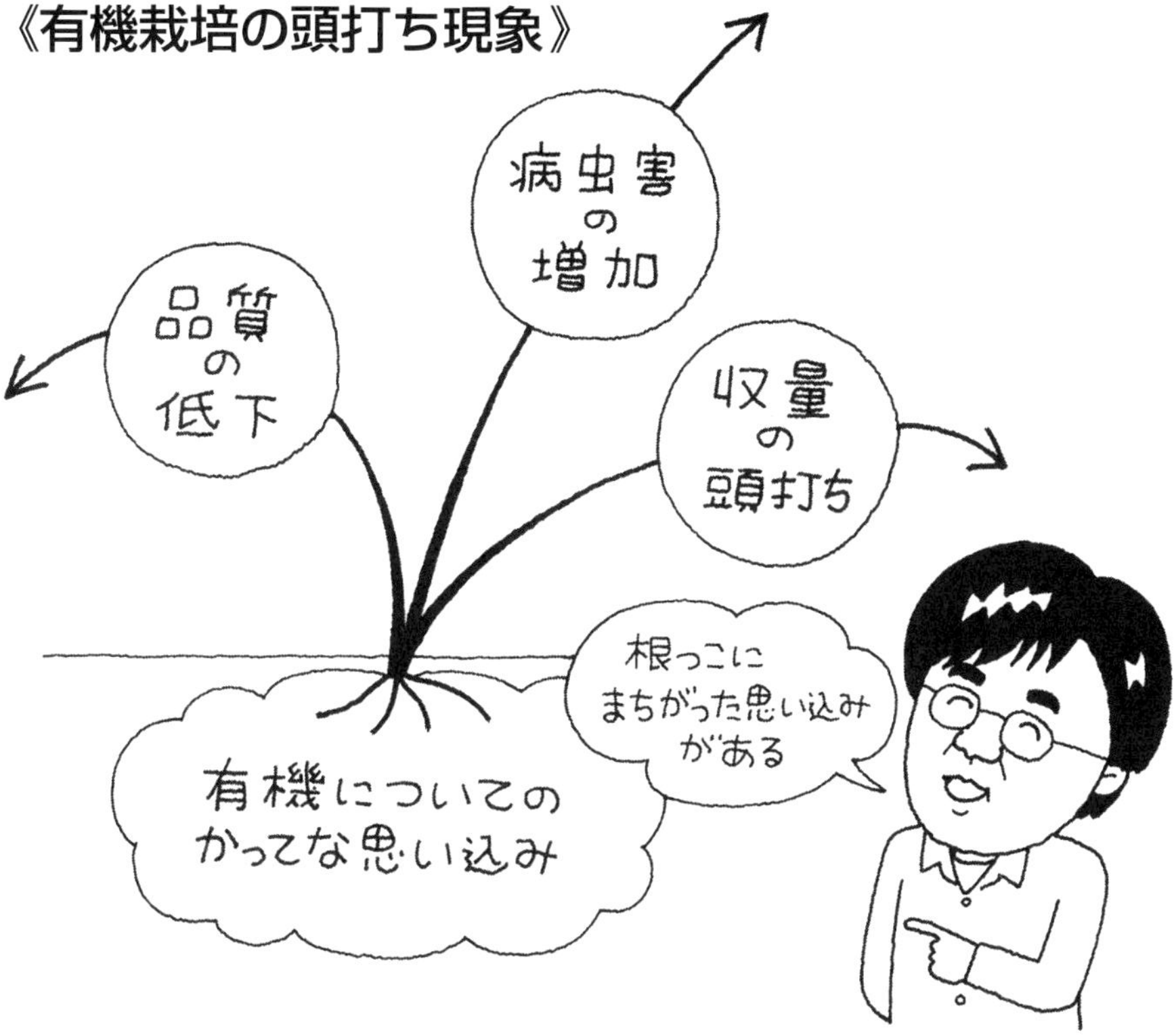

有機栽培の頭打ち現象

小祝　それは有機栽培でよく見られる典型的な「頭打ち現象」だね。よく見かけるのが、有機栽培に取り組み始めてから四〜五年経った頃からかな。

幸夫　その人も、本格的に有機栽培を志して五年くらいっていってたね。

小祝　有機に切り替えた当初にすばらしい成果をおさめることはよくあるんだ。でも四〜五年経ってくると、収量・品質ともに頭打ちになってしまう。有機栽培を昔からやってきている人は、土や作物の力を農業の土台に据えて栽培を考えてきている。それはすばらしいと思うけど、土の中にミネラルがなくなれば補給してやらなければならないし、ボカシ肥や堆肥で養分に過不足が生じたなら、きちんと対応しなければ作物は健康に育っていかないよね。つまり基本的なことに気づいていないことが多いんだ。

土や作物への過剰な信頼

小祝　有機栽培はこれまで、農業では異端視されてきた。そんな中で、長いあいだ有機栽培に取り組んできた人の有機に対する思いは強い。その思いの強さが、土や作物に対する過信というか、思い込みにつながってしまっているようなんだ。

幸夫　土や作物の力を信頼しすぎるってこと?

小祝　そう、たとえば、ボカシや堆肥をやっていれば養分の過不足はない、っていうんだ。そう思い込んじゃっているから、作物に何が不足しているかがわからなくなってしまう。

幸夫　人間の思い込みが作柄を悪くしているってことか。

小祝　たとえば、必要な養分が十分でないのに栽培を続ければ、不足はさらに大きくなり、やがては頭打ち現象となって現われることになる。

資材から見た頭打ち現象の原因

幸夫　当たり前のような気もするけど、思い込んでしまうと、正しい筋道が見えなくなっちゃうのかな。

小祝　そうなんだ。それに有機栽培は、**化成栽培**にくらべて科学的なデータが少ない。経験だけが頼りだから、頭打ち現象がおきている背景を知る術《すべ》がなかった。しかたのない面もあるんだ。

幸夫　なるほどね。たしかに学校では肥料のNPKは習ったけど、有機の考え方なんか習った覚えがないものね。

小祝　そういうこと。資材の勉強にちょうどいいから、頭打ち現象の要因を資材の側から見ておこうか。

　頭打ち現象を招くワースト3は上の図のようになる。これから順に見ていくけど、有機栽培の考え方の基本も話すから、しっかり聞いてください。

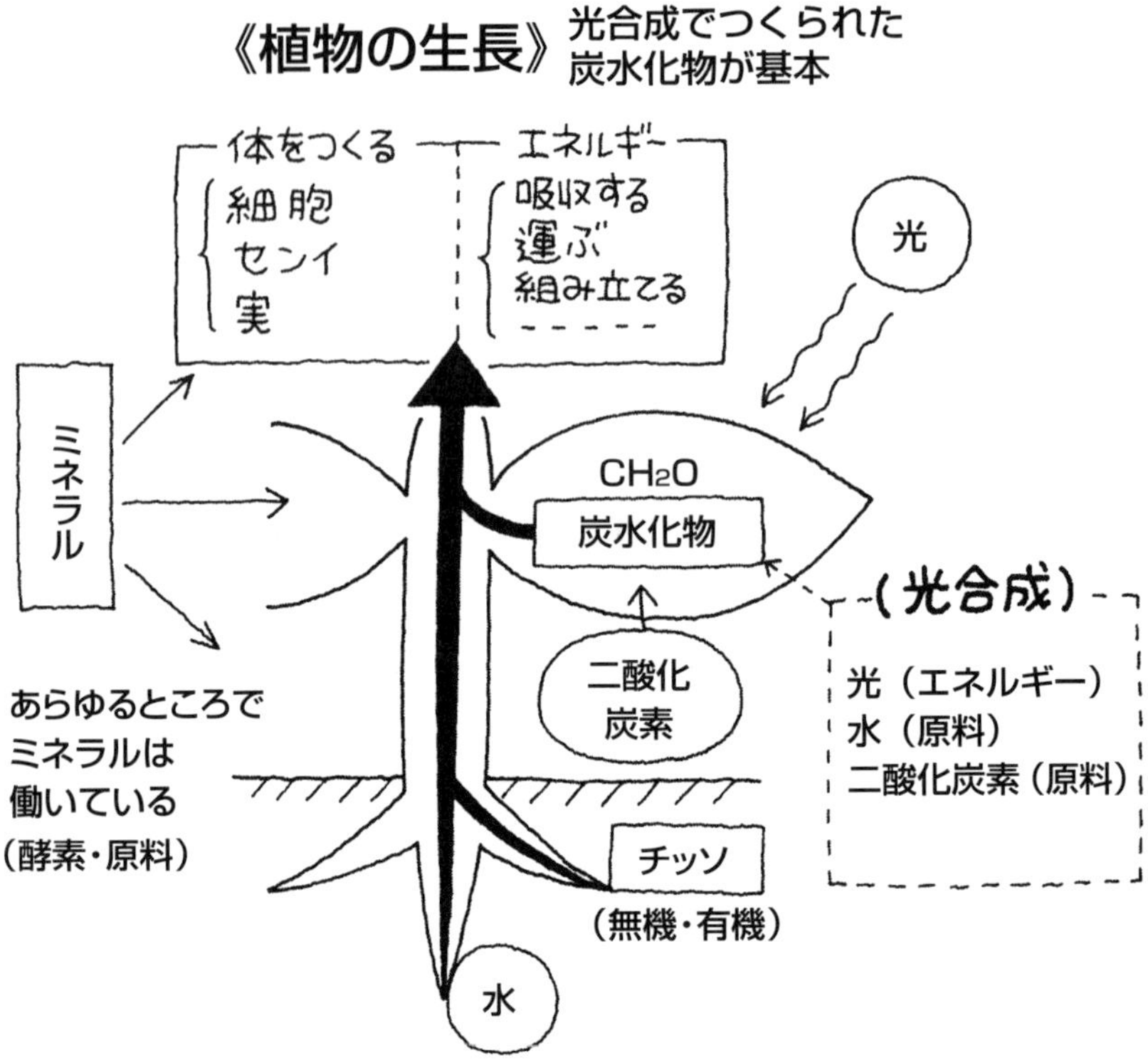

ミネラルが不足すると

小祝　頭打ち現象を招いている原因でもっとも多いのがミネラル、とくに苦土（マグネシウム）の不足だ。

幸夫　オレは苦土石灰を三年に一度pH調整でやっているけど……。

小祝　苦土というと、土改材的なイメージが強いんだけど、これは植物の「いのちの源」といってもいいくらい重要なものなんだ。

幸夫　ちょっとオーバーじゃないの？

小祝　いやいや、ホントそうなんだ。**光合成**って知ってるでしょう？

幸夫　ああ、植物が二酸化炭素を吸って酸素を出すっていうあれだろう。

小祝　植物が生きていけるのは光合成、つまり《光》をエネルギーにして、二酸化炭素と水から糖＝**炭水化物**を《合成》できるからなんだ。つくられた糖は、細胞をつくるタンパク質や体の構造を支えているセンイの原

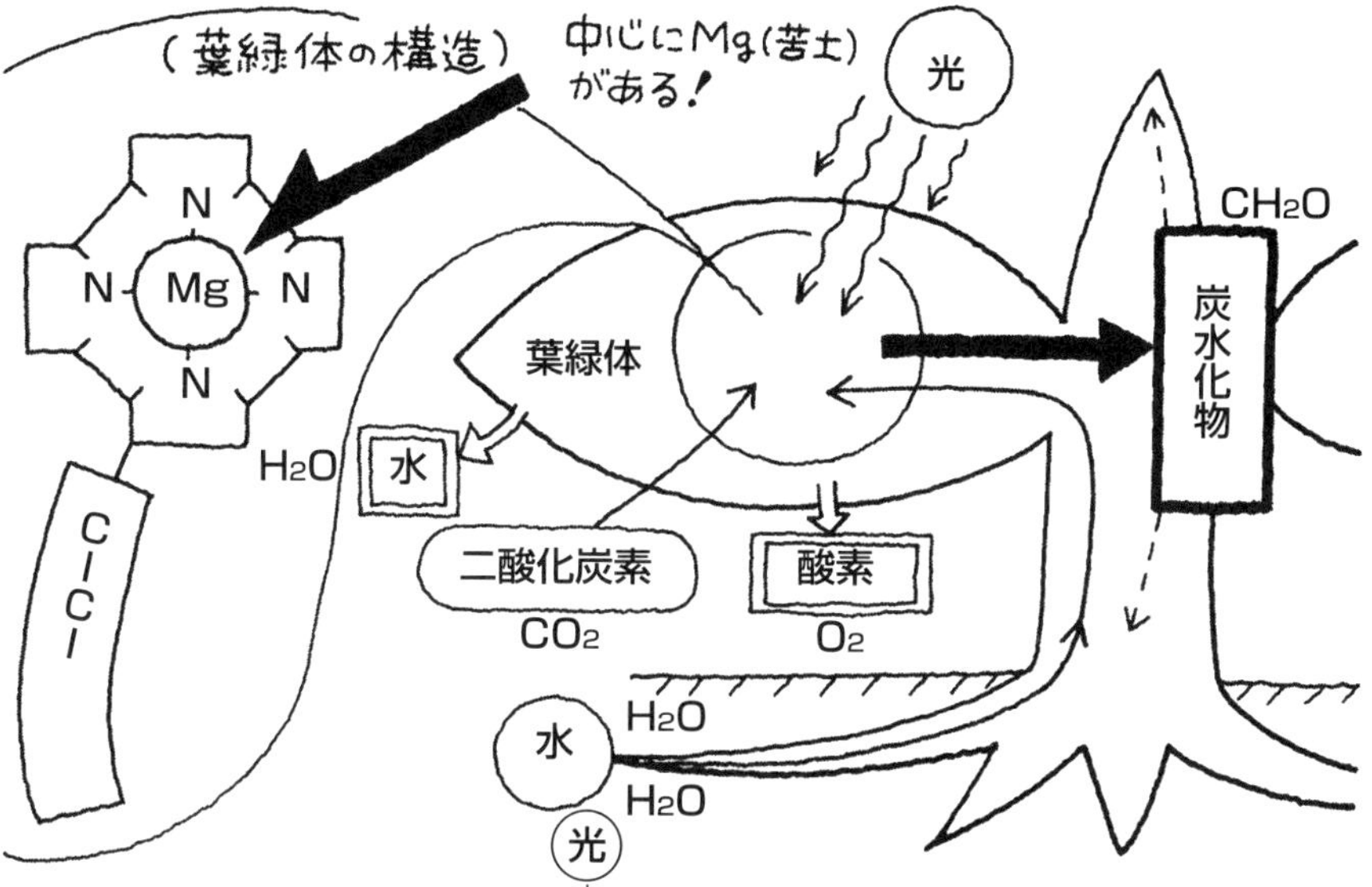

光

$CO_2 + 2H_2O \rightarrow CH_2O + O_2 + H_2O$

二酸化炭素　水　炭素 水（炭水化物）　酸素　水

正しい光合成の反応式　$6CO_2 + 12H_2O \rightarrow C_6H_{12}O_6 + 6O_2 + 6H_2O$（$C_6H_{12}O_6$：ブドウ糖）

料や、生きるためのエネルギーにもなる。酸素は光合成の副産物に過ぎないんだ。

苦土は葉緑素の中心物質

幸夫　ふーん、そのことと苦土とどういう関係があるんだい。

小祝　光合成を行なう**葉緑体**の中心に苦土があるんだ。上の図が**葉緑素**の構造だけど、苦土（Mg）を四つのチッソ（N）が取り囲んでいるだろう。苦土がないと葉緑素がつくれない、光合成も行なわれない。当然、植物は生きていけない。

幸夫　だから「いのちの源」ってわけか。

小祝　他のミネラルもそうだけど、品質のよいものを多収穫すれば、土の中にたくわえられていたミネラルは減っていく。それを補わないと、やがては光合成が十分行なわれなくなって、収量・品質が悪くなってくる。それがだいたい四～五年後ということなんだ。

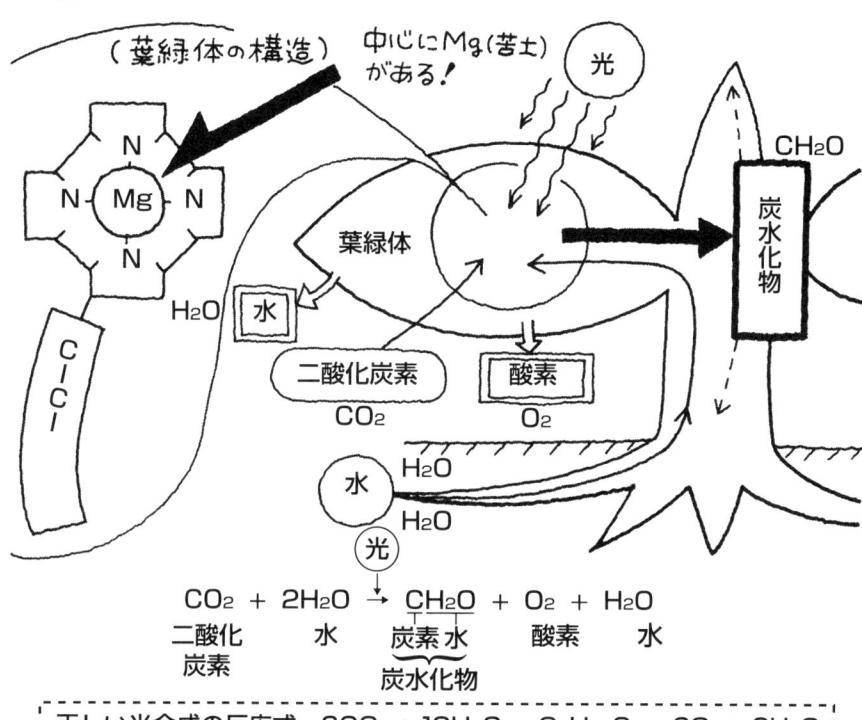

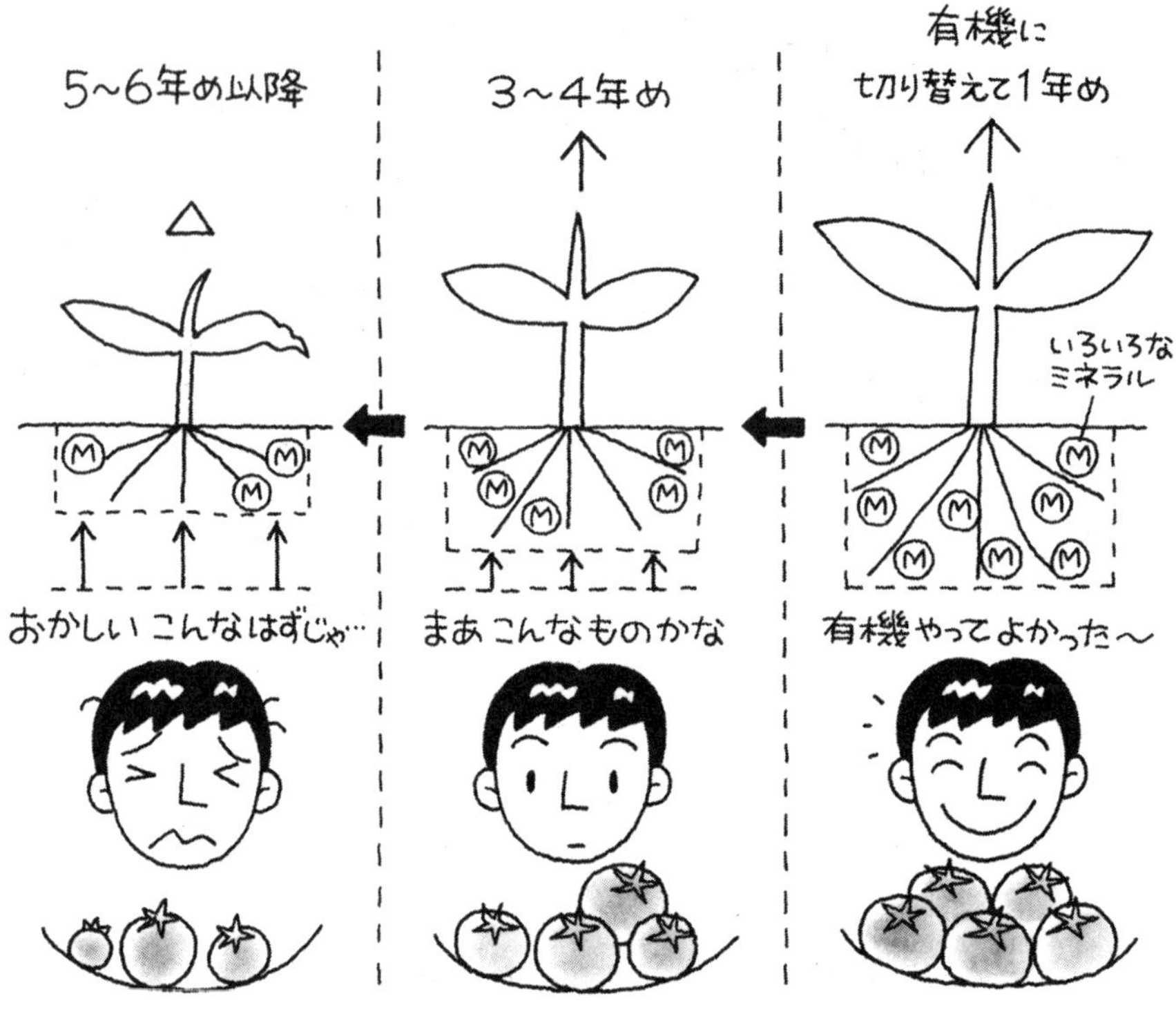

有機ではミネラルが不足しやすい

幸夫　ナルホド、ということは、苦土だけでなくて他のミネラルも、不足しやすい？

小祝　そうなんだ。私は有機栽培でも土壌分析をして養分の過不足をもとに施肥設計をするよう勧めているんだけど、ミネラル不足の畑はけっこう多い。

幸夫　そんな畑で何作かつくり続けると、頭打ち現象に見舞われるわけか。

小祝　なんの対策もとらないとね。それに、有機栽培に切り替えると、ミネラルの吸収が旺盛になって、予想以上にミネラル不足になることがある。

幸夫　それは、どうしてだい。

小祝　有機栽培を取り入れることで根の張りがよくなり、根から分泌される**根酸**も多くなる。すると土中の養分がどんどん吸われて、成果も上がるけど、予想以上に早くミネラル不足の現象が出てくるんだ。

生命活動を支える酵素とミネラル

酵素の働きを助けるミネラル	植物に対しての働き	人に対しての働き
リン（P）	糖代謝などの中間生成物 核酸，タンパク質，脂質 生長，分けつ，根の伸長，開花，結実	**骨や歯の主成分** 血液の酸やアルカリを中和する ATP などをつくりエネルギーをたくわえる
カリ（K）	炭水化物の転流，蓄積 硝酸の吸収，還元 **水分調整，細胞分裂，細胞の肥大** 有機酸や脂質の生成　病害虫抵抗性向上	**細胞の内外での物質交換に関係** エネルギー生成酵素の活性化 タンパク質合成への関与 肝臓の老廃物排泄の促進
カルシウム（Ca）	**植物細胞膜の生成強化，酸の中和** 細胞を締める成分，病害虫抵抗力を高める タンパク質の合成，根の育成促進	**骨組織の生成，酵素の活性化，精神安定** 鉄の代謝，筋収縮に関与，細胞の結合 ホルモン分泌の活性化
マグネシウム（Mg）	リン酸の吸収，移動 糖やリン酸の代謝に関与 **葉緑素の中心成分** デンプンの転流，脂質の生成	**心臓や筋肉の働きを正常に保つ** 精神安定，脂質の代謝，血圧の正常化 不足すると貧血，不整脈，疲労感，動悸，無気力などの症状が出る
イオウ（S）	タンパク質の生成　根の発達	髪の毛や皮膚を構成するタンパク質成分に関係
鉄（Fe）	**酸化還元反応**（エネルギーの取り出し） 葉緑素の生成	ヘモグロビンの構成要素 **肺から吸収した酸素を各細胞まで運ぶ** 細胞内のエネルギー生産に関与
亜鉛（Zn）	**細胞分裂に関与**　酸化還元反応 成長ホルモン（オーキシン，ジベレリン）	成長・性ホルモン　免疫，胸腺機能に関与 インシュリンの合成　**治癒，味覚**
銅（Cu）	葉緑素の形成 タンパク質合成 **ビタミン C の合成**	血色素，ヘモグロビンの合成 エラスチンの合成（コレステロールの沈着の防止） **活性酸素の解毒，骨粗しょう症などの抑制**
マンガン（Mn）	酸化還元反応（10 数種類の酵素） 葉緑素生成，発育に関与 ビタミン C の合成 **炭酸ガスの吸収に関与**	生殖機能の維持（愛情のミネラル） 骨や歯の形成 新陳代謝，成長促進 活性酸素の抑制，細胞膜を酸化から守る
ホウ素（B）	炭水化物やタンパク質の代謝 **カルシウムと組んで細胞の接着剤の役目** 維管束の形成に関与（植物体を支える）	**骨粗しょう症の予防** 骨関節炎
モリブデン（Mo）	**チッソ固定** **ビタミン C の合成**	**尿素排出** 鉄の造血作用やブドウ糖や脂肪の代謝に関与

酵素の材料となるミネラル

幸夫　そうすると、有機栽培をちゃんと実践しても、ミネラル不足は起こりうるってことか。油断大敵だね。

小祝　そう、土壌分析は欠かせないし、途中で追肥しないといけないことも多い。

幸夫　ミネラルの追肥か。そのミネラルはどんな役割をしているの？

小祝　植物の生命活動をスムーズに進める役目をしている**酵素**をつくることかな。それとミネラルが豊富な作物は人を健康にもするんだ。

幸夫　作物と人の健康はイコールってことになるわけか。

ボカシ肥の品質

小祝　次にボカシ肥。これも品質に問題のあるものが多いんだ。チッソの多い有機質を発酵させた肥料のことだけど、最近はよく聞くようになったね。

幸夫　前に、ボカシ肥をつくっているところを見たことあるけど、倉庫の土間に油かすや米ぬかを混ぜたものが山になっていた。カビがところどころに生えていて、甘い香りがしてたな。このカビがおいしい野菜をつくってくれるんだと自慢していたね。

小祝　うーん、その人も落とし穴にはまっている感じだな。

幸夫　え、そうなの?

小祝　カビがまわって、甘い匂いがしてくると、たいていの人がボカシ肥が完成したと思って、それを畑にまいている。でもそのことがかえって作柄を不安定にしていることに気づいていない。

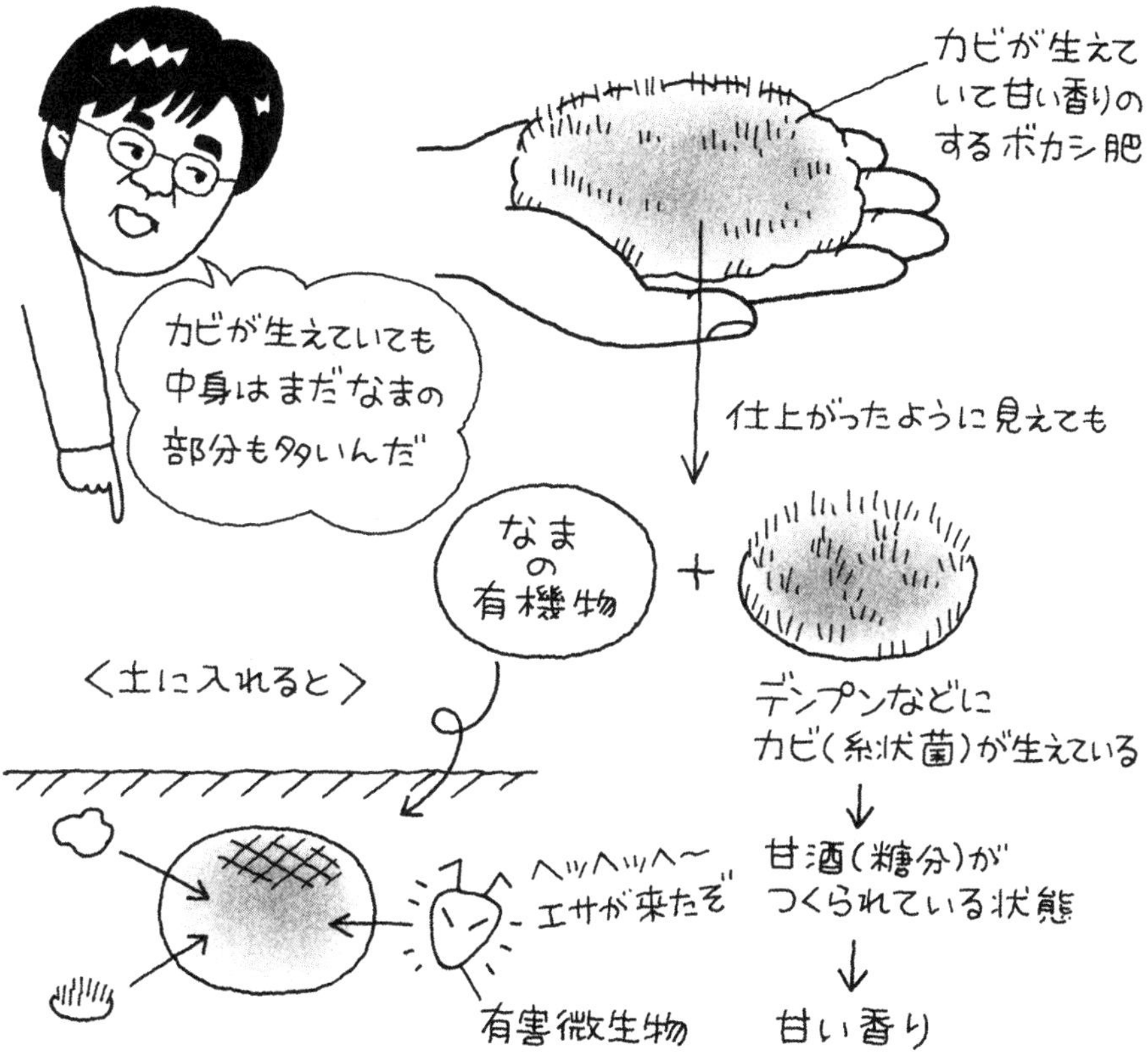

甘い匂いのボカシは心配

幸夫　えっ、ボカシのいい菌が畑に入れば、悪い菌を減らして、おいしい野菜がたくさん穫れるんじゃあ……。

小祝　そのとおりなんだけど、カビが生えていて、甘い匂いのしているボカシ肥じゃ、ちょっと心配なんだ。

幸夫　えっ、どういうこと？

小祝　カビの仲間は有機物分解の初めに出てくる微生物で、カビがまわっていて甘い匂いがしている状態はまだ発酵の途中。畑に入れたとしても、有機のチッソを野菜や作物が吸うようになるまでにはもう少し分解が進まないといけないのさ。

幸夫　なまに近い有機物が残ってる…？

小祝　そういうこと。畑に入れた有機物をいい菌が分解してくれるならいいけど、土の中には土壌病原菌もいる。そんなのが増殖したら、作柄は不安定になってしまう。

有機物の発酵・分解は二段階ですすめる

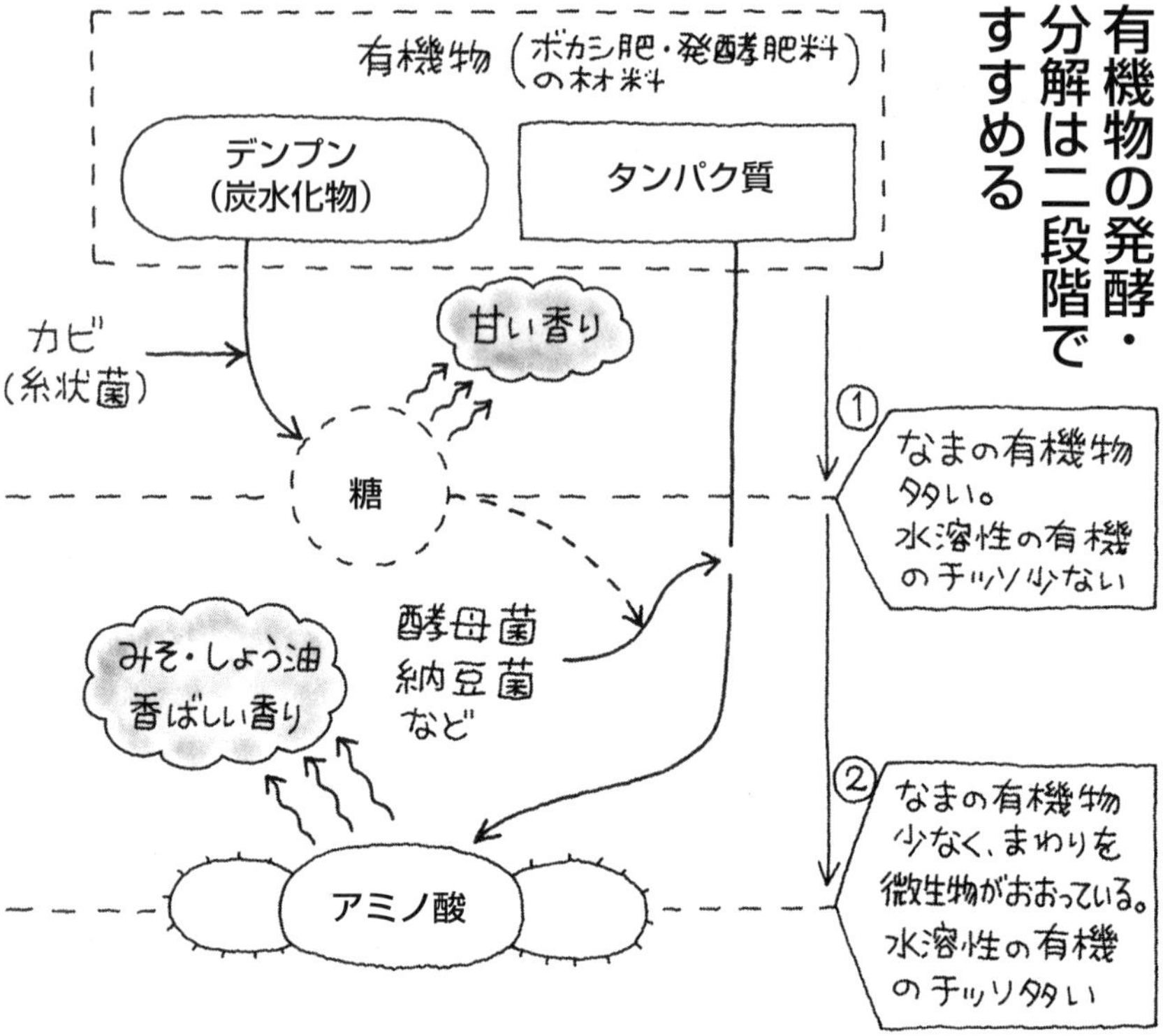

みそ・しょう油の匂いが目安

幸夫　ふーん、たしかに土の中にはいい菌もいれば、悪い菌もいるだろうな。でもそんなこと考えたら、有機なんか入れられないじゃないか。

小祝　まあ、落ち着いて。甘い匂いのするボカシ肥では悪い菌がはびこることも考えて、もっと発酵を進めたほうがよいと考えているんだ。

幸夫　発酵が進むとどうなるんだ。

小祝　甘い匂いがするのは、分解しやすいデンプンなどがカビによって甘酒のようになっている状態。これでは有機のチッソはまだ得られない。有機のチッソはタンパク質が分解して得られるから、もっと発酵を進めなければならないんだ。すると、みそやしょう油のような匂いがしてくる。これは、タンパク質がアミノ酸にまで分解された証拠で、ここまできたものを入れれば大丈夫。

発酵食品づくりと似ている

幸夫　甘酒とかみそとかしょう油とか、食べ物をつくっているみたいだね。

小祝　そう、発酵食品と同じ。実は食品微生物は農業にも利用できるんだ。私は、日本人は世界で一番有機農業の知恵をもった民族だと思ってる。

幸夫　えっ、世界でイチバン!?

小祝　いろいろな発酵食品が根づいていて、微生物利用の知恵が豊かだからね。有機物を発酵させて肥料とする有機栽培に、その知恵をいかすことができればすばらしい。

幸夫　ナルホド。

小祝　横道にそれちゃったけど、ボカシ肥をつくるときというのは、微生物に段階を踏んで活躍してもらうんだけど、そのやり方がお酒づくりなどと似ているんだ。

幸夫　昔はどぶろくをつくっていたから、その知恵をいかすということだね。

《まず糖をつくる、そして狙いの発酵へ》

◎どぶろく（日本酒）の場合

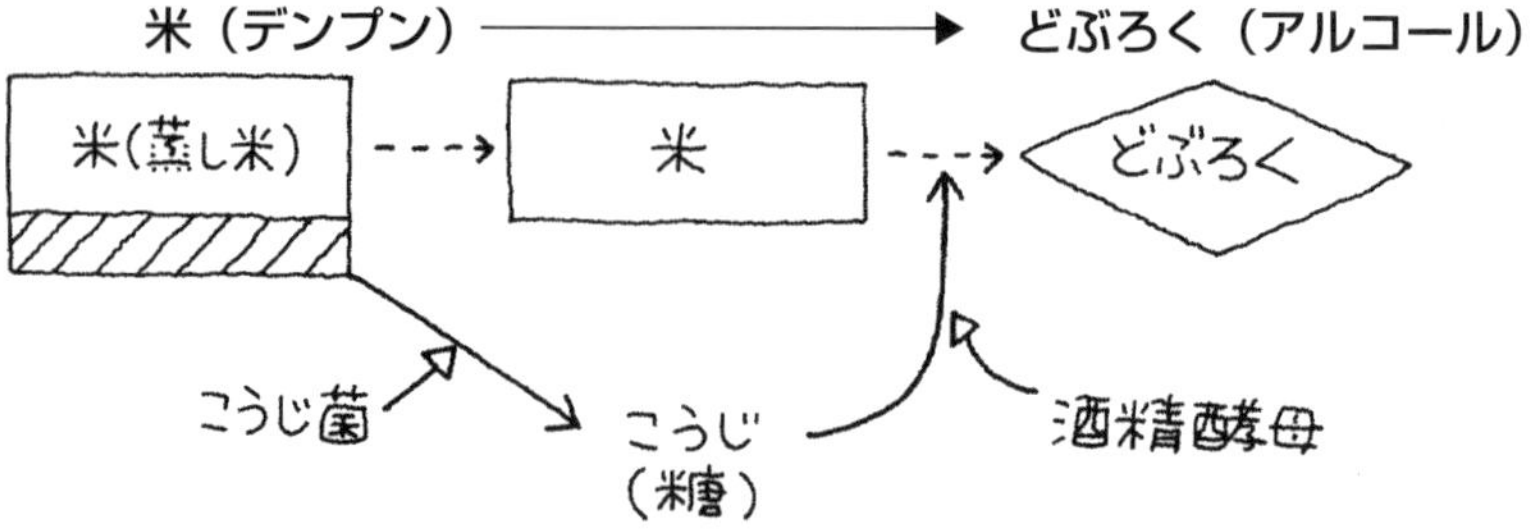

◎発酵肥料（アミノ酸肥料）の場合

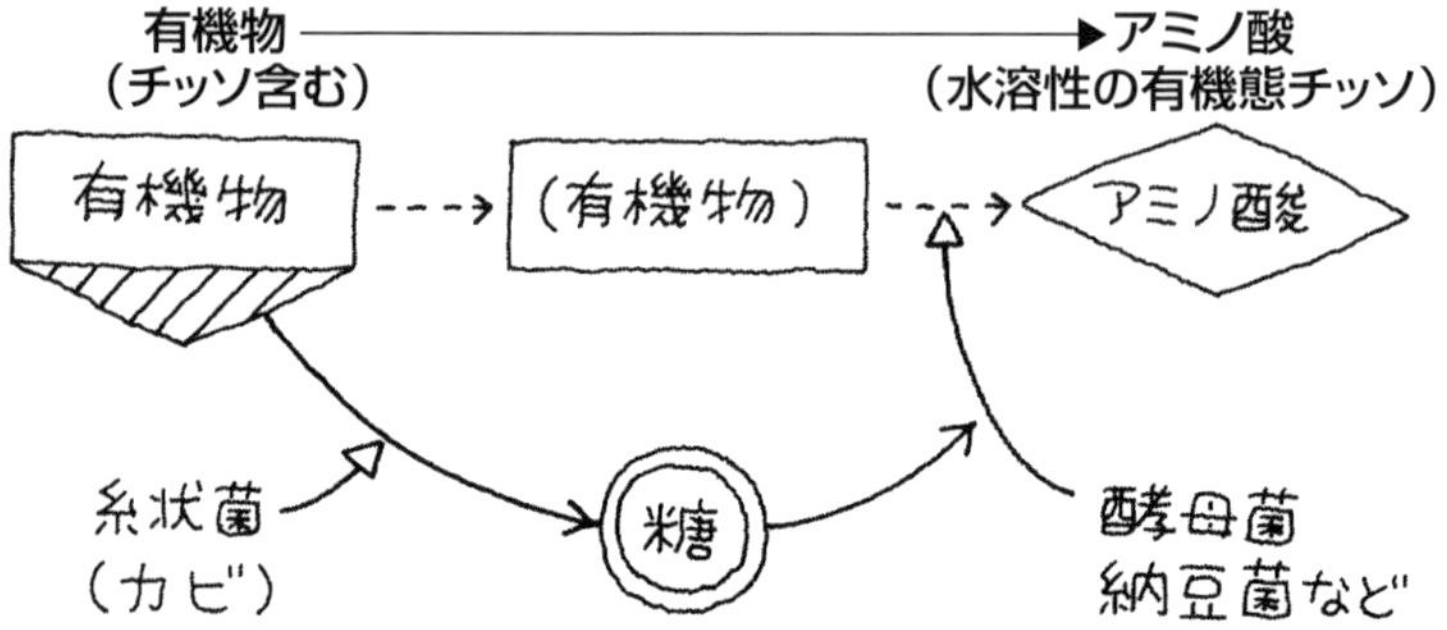

糖をつくって、狙いの発酵へ

小祝　お酒づくりでは蒸し米にこうじ菌を働かせてデンプンを糖に変える。その糖をもとに酵母がアルコールをつくり出す。二段階でつくっていく。

　ボカシ肥では、目標はアルコールではなく有機態チッソ（アミノ酸）だ。

　まず糸状菌というカビの仲間に、有機物を分解してもらい糖をつくる。

幸夫　それでカビが生えているところで甘い匂いがしたのか。

小祝　そうなんだ。その糖をエネルギー源にしてはじめて、タンパク質を分解する微生物が活躍できる。酵母菌や**納豆菌**がそう。これらの微生物はもっている酵素でタンパク質をアミノ酸に分解してくれる。みそやしょう油の匂いがしてきたら完成となる。

　つまり、〈糖づくり〉から〈狙いの発酵〉へ、というのが発酵肥料つくりの基本なんだ。

アミノ酸肥料という名前の意味

幸夫　仕上がりの判断は、みそやしょう油の匂いというわけだ。

小祝　みそやしょう油は、ダイズのタンパク質がアミノ酸にまで分解したもの。だから、そんな匂いのするボカシ肥はアミノ酸を多く含んでいて、それが作物に吸収されることになる。だから、有機栽培ではボカシ肥といわずに「アミノ酸肥料」と呼んでいるんだ。

幸夫　なるほど、有機物の発酵をアミノ酸ができるみそ・しょう油段階まで進めること、有機のチッソであるアミノ酸を吸収させるんだってことをはっきりさせているわけか。

小祝　そう、だから、アミノ酸肥料では、いい菌を土に入れることより、有機のチッソ肥料として吸収されることを重視しているんだ。いい菌をたくさん土に持ち込むのは、次に紹介する堆肥の役目になるんだ。

《堆肥もいろいろ》

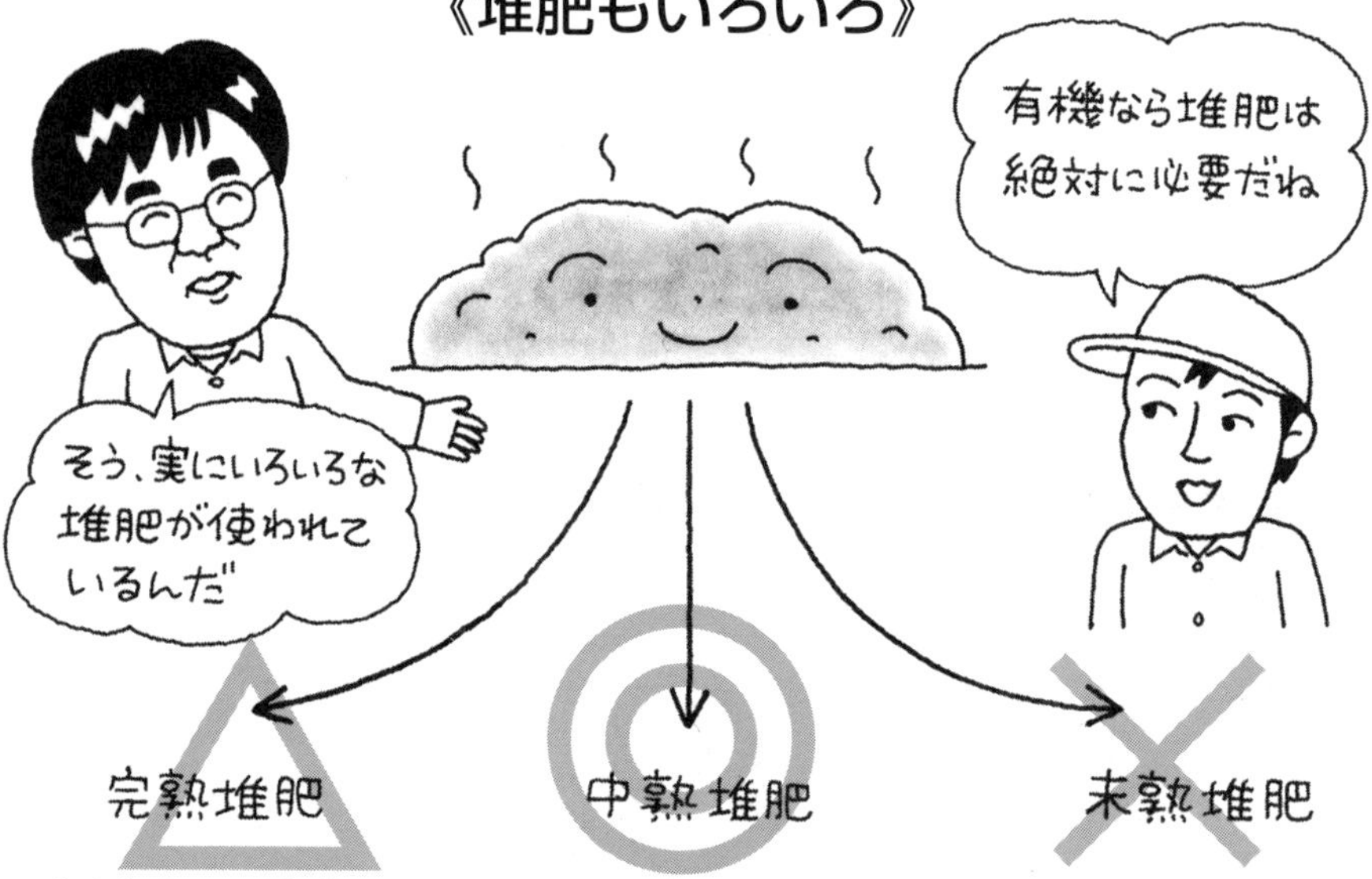

水を加えても発酵しない
ほど分解したもの。
土つくり（団粒構造をつくる）
にはたいへんいいんだけど…

これがおすすめ。
土壌病害虫も
抑えることが可能

オガクズが十分に
分解してないもの。
かえって作物の
害になる

堆肥の質と量

小祝　実は、有機の人の使っている堆肥の品質もまだまだバラツキが多い。

見かけはよくても、オガクズなどの分解が進んでいない**未熟堆肥**。これでは、有機一年目からうまくいかない。

反対に、分解が進みすぎて力のない堆肥も結構ある。土はよくなっていくんだけど、土壌病害虫には対抗しきれないんだ。

幸夫　ん？　その分解を進めすぎて力のない堆肥ってはじめて聞いた。

小祝　堆肥では未熟堆肥、**完熟堆肥**という分け方をする。未熟堆肥はわかると思うけど、力のない堆肥というのは、水を加えても発酵しないほど分解の進んでいる完熟堆肥のこと。土の**腐植**の増加や団粒構造をある程度発達させるにはよい堆肥なんだ。だけど、土壌病害虫を抑え込む力はあまりもっていないんだ。

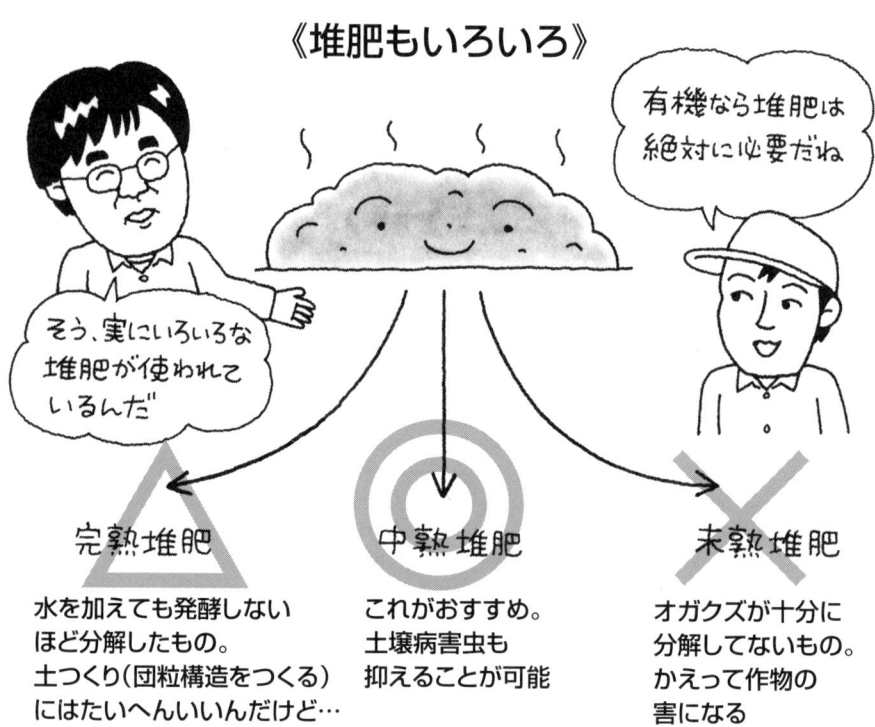

土壌病害虫を抑えられるか?

幸夫　完熟堆肥っていうのは土壌病害虫を抑える力もあるんじゃないの。

小祝　たしかにある。でもそれは、完熟堆肥を入れたことで水ハケがよくなったり、たまっていた養分が急激に効くことがなくなったり、拮抗微生物がある程度いたといった条件が揃っていたから作物が健全になり、同時に土壌病害虫の活動も抑制されたっていうことじゃないかな。だから、その堆肥を使えば、他の畑でも土壌病害虫に同じ効果があるかというとちょっと疑問かな。

幸夫　効果が安定しない?

小祝　完熟堆肥っていうのは菌のかたまりだから、悪い菌を包囲してやっつけることができると思っている人も多いけど、実際はそんなに菌の数は多くないんだ。

幸夫　え、そうなの?

○有用微生物が多い
○土に入れたときに
有用微生物が
活躍するための
エサを持っている
有機栽培向きの堆肥はこの中熟堆肥
エサを持っているから土の中でもガンバレるんだ
エサ（糖類などの炭水化物）がないと、土の中で勢力を拡大できない

中熟堆肥のよさ

小祝　完熟堆肥では、分解する有機物そのものが少なくなっているから、有用微生物の数も意外と少ないんだ。増えていくためのエサがなくなってしまっているからね。

幸夫　なるほど、エサがなければもう増えることはできないものね。

小祝　だから私は、完熟堆肥の少し手前の堆肥のほうが有機栽培には適していると思っているんだ。有用微生物の数も多いし、エサも多いからね。そんな堆肥のことを**中熟堆肥**と呼んでいるんだけど、完熟堆肥より力がある。

幸夫　じゃあ、その中熟堆肥なら土壌病害虫も抑えられるのかい。

小祝　土壌病害虫を抑えられる堆肥の条件というのは、有用微生物の数が多いことと、エサつきであることなんだ。エサを持ち込まないと、土壌病害虫に対抗できないんだ。

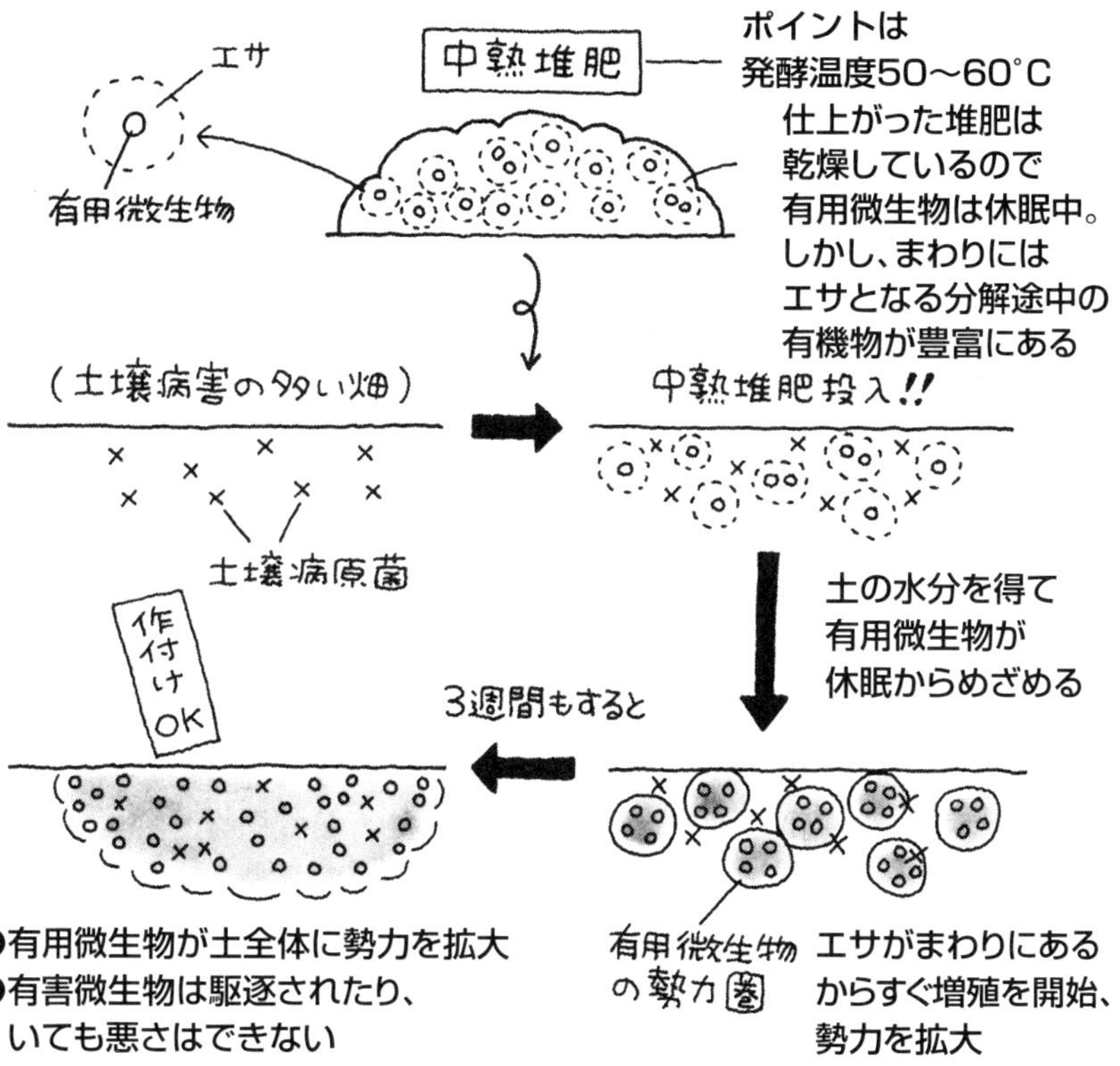

発酵温度と養生期間

幸夫　ふーん、エサをもっている中熟堆肥か。そんなことで抑えられるの？

小祝　そう思うのも無理はないか。中熟といっても完熟前に発酵をやめて、できた堆肥を入れるだけではダメ。

幸夫　つくり方と使い方にコツがあるのかい。

小祝　そうなんだ。詳しくは第4章で紹介するけど、中熟堆肥づくりでは温度を五〇〜六〇℃くらいに維持すること、畑に入れたらしばらくは作付けをしないことがポイントかな。

幸夫　しばらく作付けしない理由は？

小祝　エサつきの有用微生物といってもまだ弱小軍団だから、勢力を拡大して行くための時間がほしい。**養生期間**と呼んでいるけど、最低三週間程度はほしい。そのあいだに、勢力を拡大しながら、土壌病害虫を抑え込んでくれるんだ。

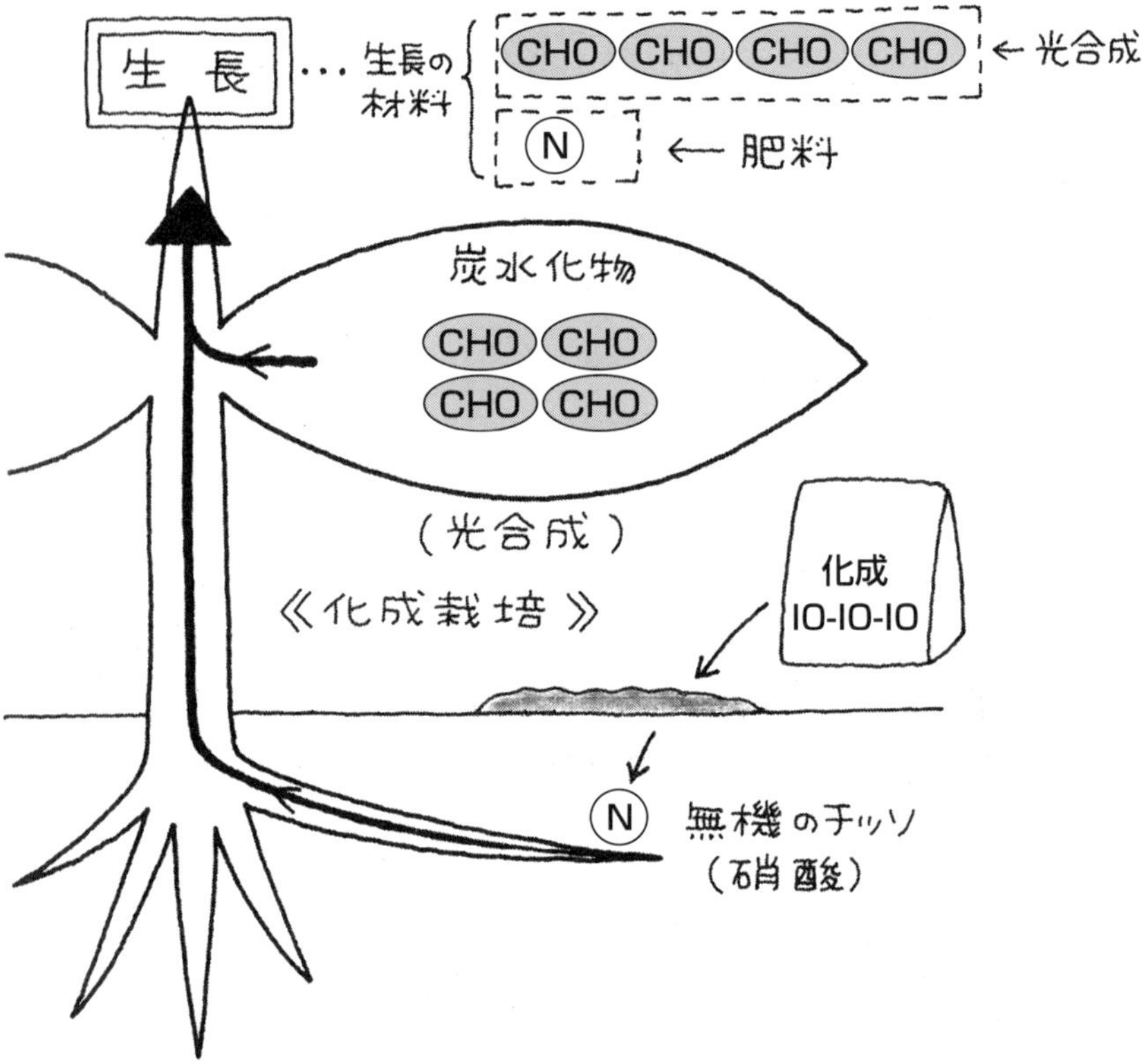

収量も品質も向上する

幸夫　話を聞くと、特別変わったものを使うわけじゃないのか。そうなると有機栽培に変えるメリットがわからなくなってきた。

小祝　なるほど。幸夫さんは「有機栽培は味はいいけど収量が上がらない」なんて評価を聞いたことない?

幸夫　けっこう耳にするね。

小祝　でも、私は、有機だからこそ味だけでなく、収量・品質もよくなるし、病害虫にも強くなると考えている。

幸夫　ン、収量も上がる……。

小祝　そう、有機のメリットというのは収量・品質ともによくなるってことなんだ。その秘密が「炭水化物」。

幸夫　さっき、ミネラルのところで出てきた光合成でできる物質のこと?

小祝　そう。その炭水化物こそ、有機栽培のキーワードなんだ。

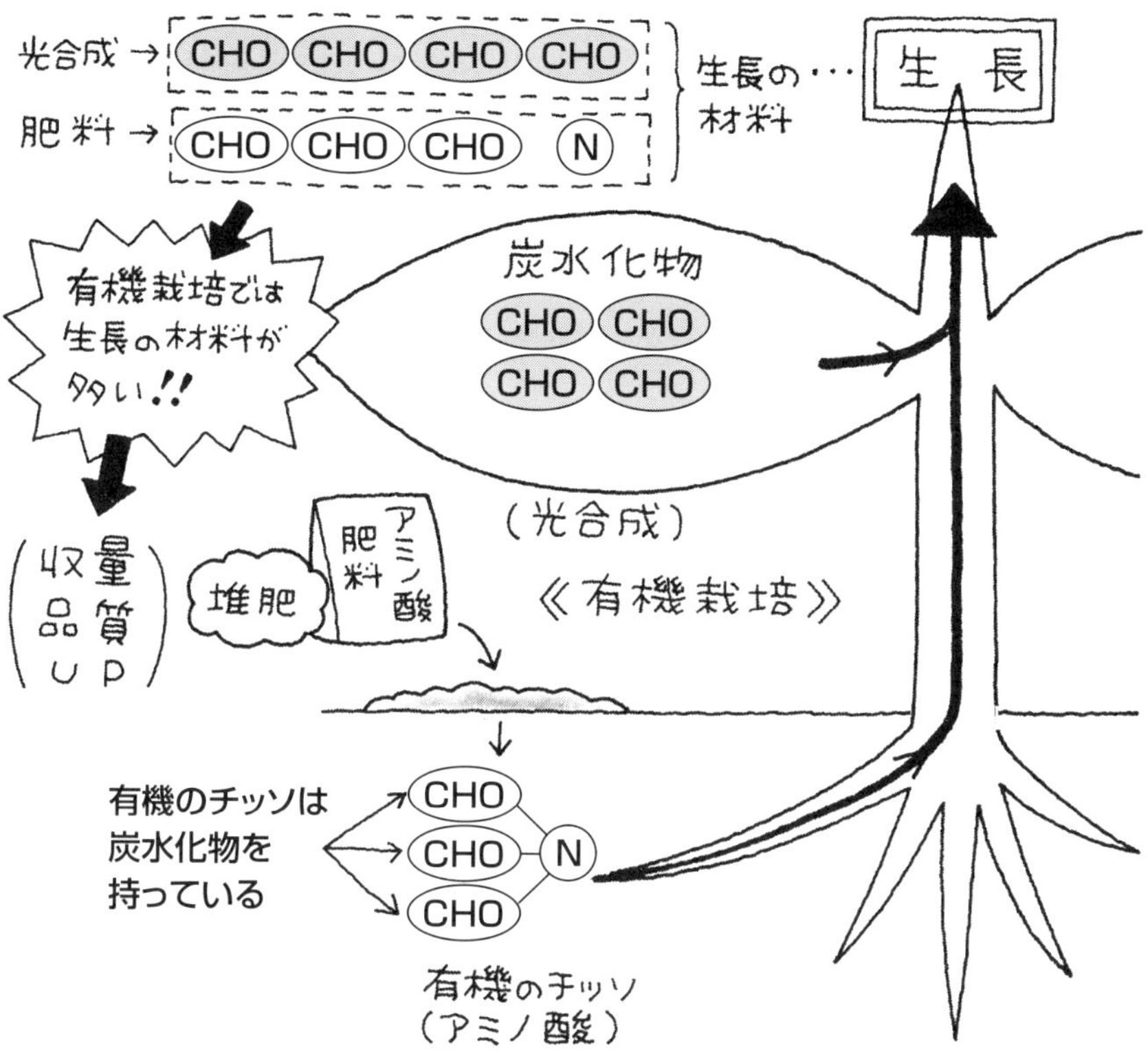

炭水化物をもった肥料

小祝 上の図がそれを簡単に説明したもの。作物の細胞は炭水化物にチッソがくっついたタンパク質でできているし、体を支えているセンイは炭水化物がたくさんくっついたものなんだ。

幸夫 体の材料になるんだ。

小祝 さらに、炭水化物はエネルギー源にもなっている。根を伸ばしたり、葉を展開させたり、養水分を吸い上げたり、糖を果実に運んだり。どれも炭水化物なしにはできない。

幸夫 これでもかって感じだね。

小祝 そして、肝心なのは、さっき話した有機の資材、アミノ酸肥料と堆肥は炭水化物をもっていて、それを作物が吸うことができるってこと。作物が自らつくったんじゃない、根から吸った肥料の炭水化物を、そのまま体づくりやエネルギーとして使える。これが有機最大のメリットなんだ。

《炭水化物の使われ方》

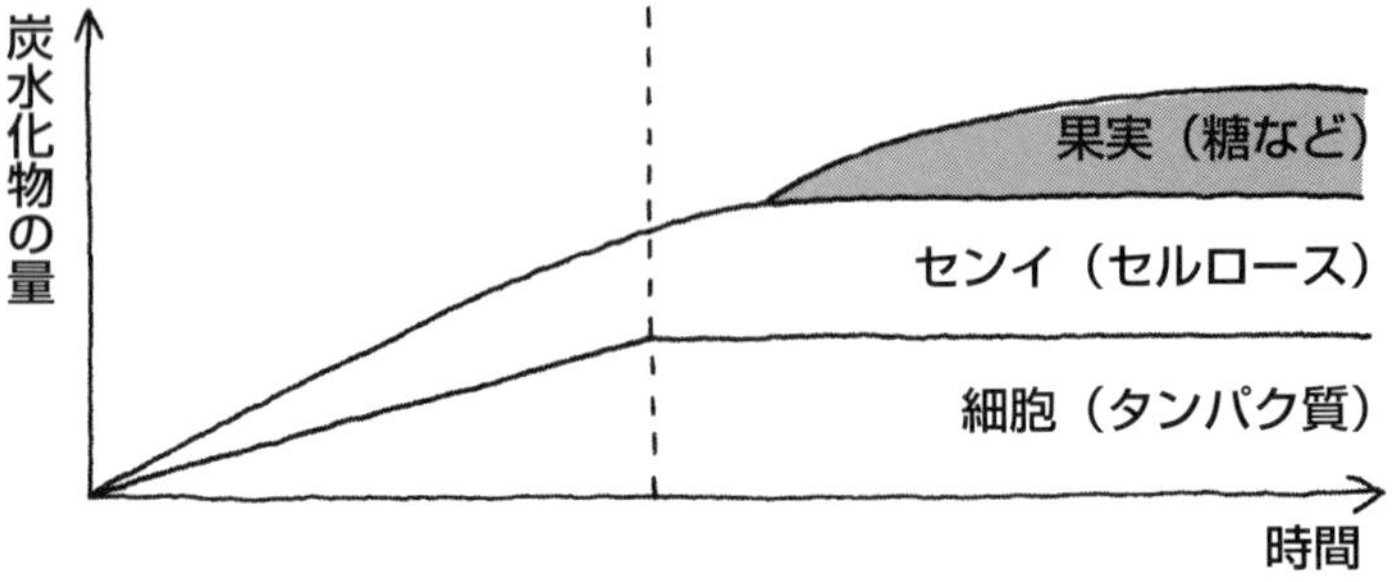

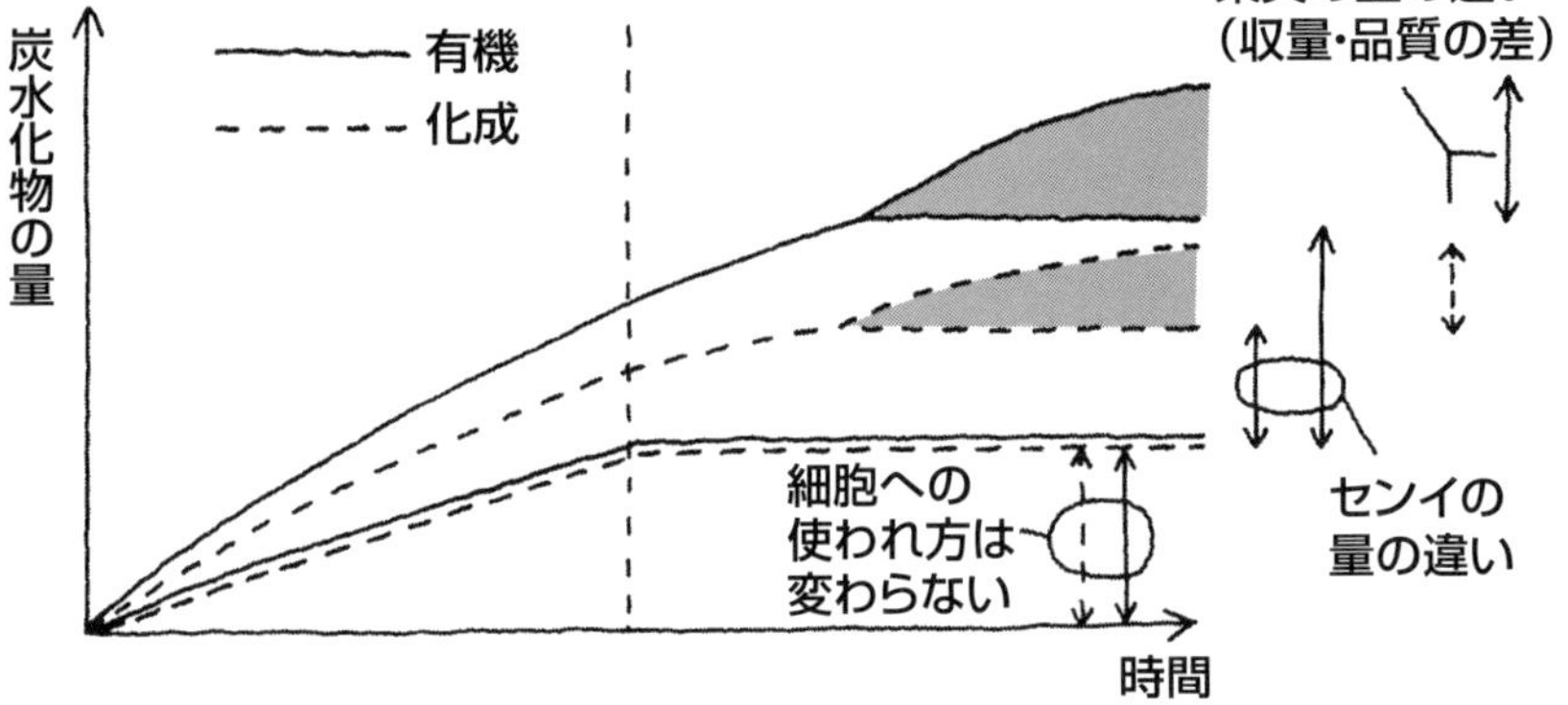

炭水化物を基本に考える

幸夫　「炭水化物肥料」って感じ？

小祝　ちょっと違和感があるかもしれないね。でも、作物は炭水化物をつくり出して、その炭水化物を体の材料やエネルギーとして使って生きている。だから炭水化物を肥料で取り込むことができれば、その炭水化物で収量を増やしたり、糖度を上げたり、センイを強固にしたりできる。さらに天候の悪いときには低下してしまう光合成を補うこともできる。炭水化物をもった資材は、すごい力を秘めているんだ。

幸夫　まさに万能、だね。

小祝　もちろん、相手はお天気や生き物だから、思いどおりにならないこともある。でも、炭水化物を基本に考えていくことが大切なんだと思う。ここがぶれてしまうと、結局、有機で何がよかったのか、どう改善していけばいいのかが見えなくなってしまう。

《植物の生長は炭水化物を基本に考える》

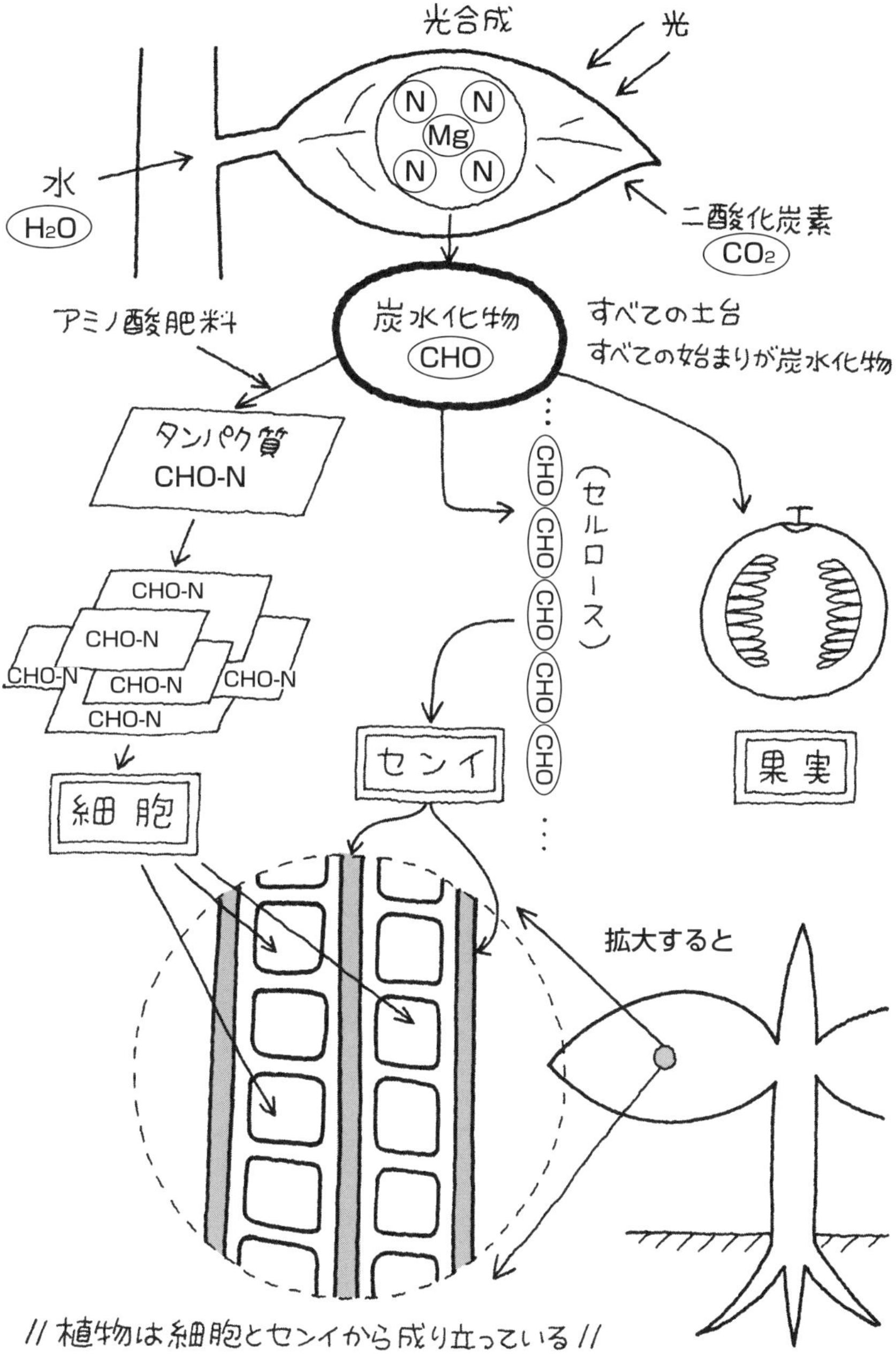

《三つの資材の位置づけ》

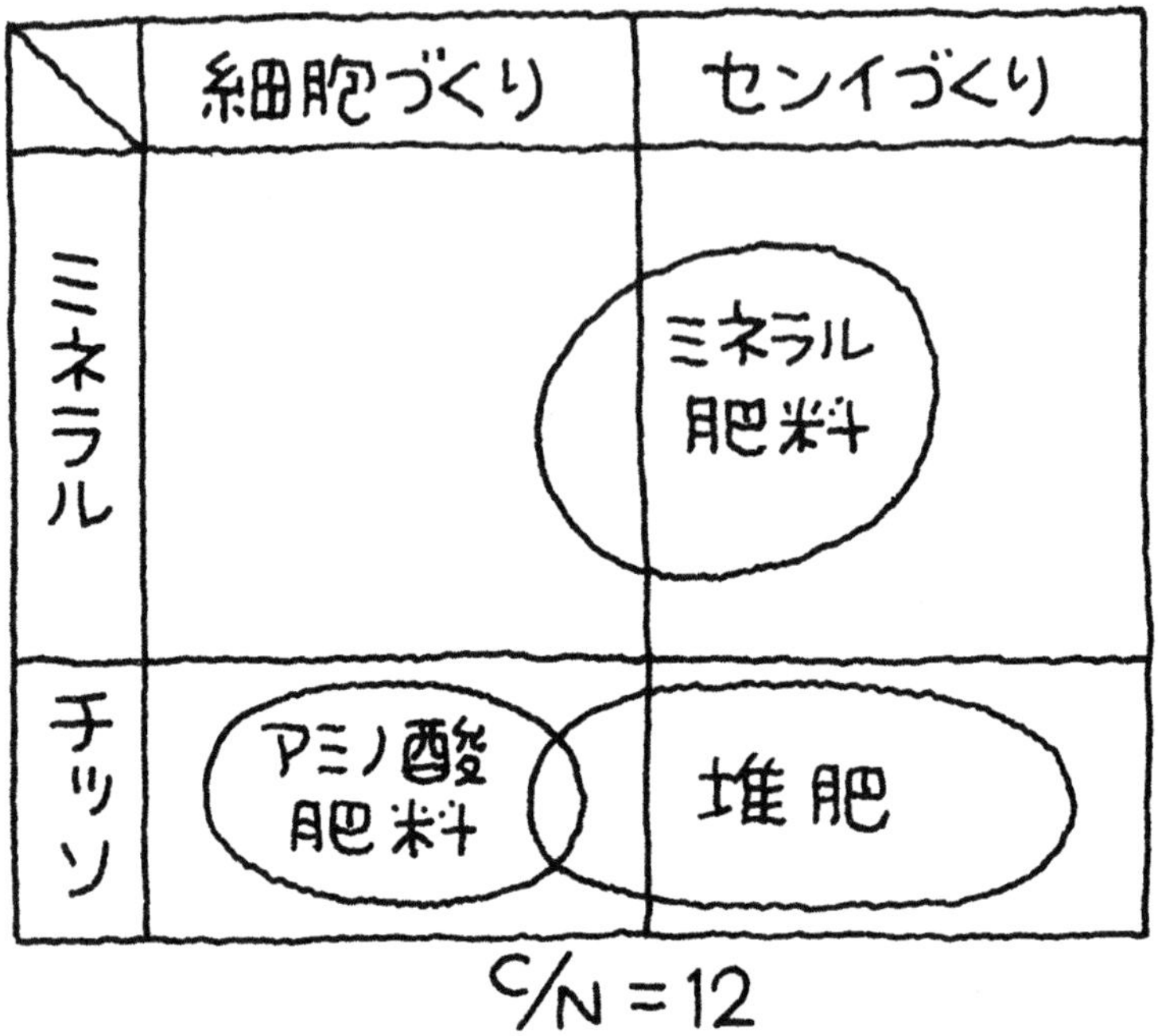

三つの資材を二つに分ける

幸夫　ふーっ、有機栽培の頭打ち現象から、炭水化物の話までできてしまったけど、もう一度、有機で使う資材を整理してほしいな。

小祝　上の図で整理してみよう。

　作物は光合成によって炭水化物をつくる。その炭水化物は細胞とセンイをつくるために使われる。だから、有機の資材も細胞づくりのための資材と、センイづくりのための資材とに分けて考えるといいんだ。

　アミノ酸肥料は有機のチッソ肥料でもあるから、タンパク質になって細胞になる。細胞づくりの資材だ。

　堆肥は、チッソ分もあるので、センイづくりを中心に細胞づくりの領域まで広がっている。

　ミネラル肥料は、ミネラルが関係しない生体反応はないくらいだから、両方にまたがっている。

《ミネラル肥料の分類》

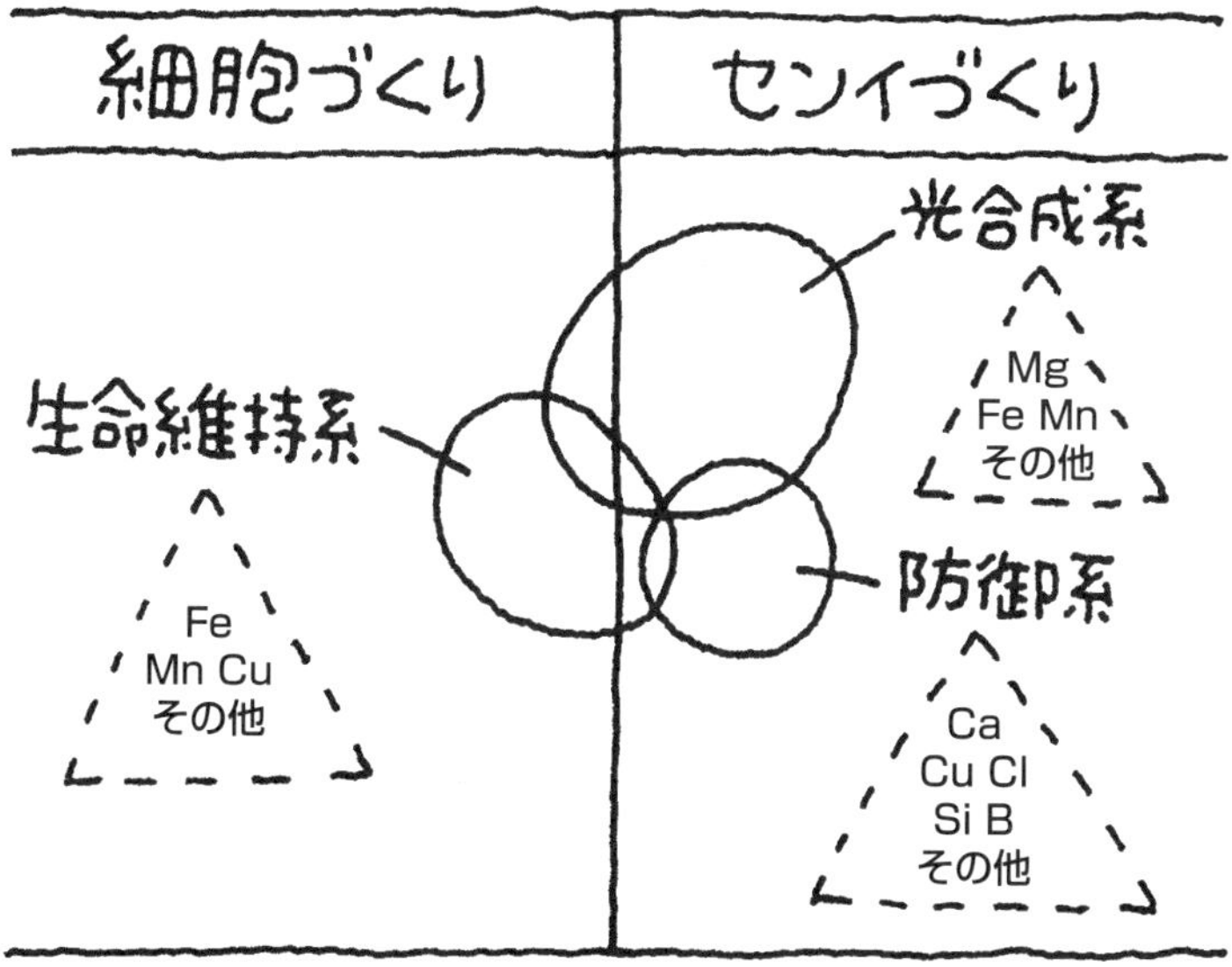

記号　Mgマグネシウム（苦土）、Fe鉄、Mnマンガン
Caカルシウム（石灰）、Cu銅、Cl塩素、Siケイ素、Bホウ素

ミネラル肥料は三つに分ける

幸夫　ミネラルって苦土だけじゃなくて石灰や鉄なんかもそうなんだろう。一緒くたでいいのかい。

小祝　鋭いね。そうなんだ。そこで、私はミネラル肥料をさらに三つに分けて考えているんだ。

①光合成に関係するもの、②表皮を硬くしたり、病害虫や物理的な力から体を守るもの、③呼吸や運搬、変化など生命活動全般に絡むもの

以上の三つ。①は苦土を中心に鉄やマンガン、②は石灰（カルシウム）を軸に銅やケイ酸（ケイ素）、ホウ素、③は鉄を中心にマンガンや銅、というグループ分けになる。そして、①②がセンイづくりにおもに関わるグループになり、③が細胞づくりに関わってくる。こう外枠を押さえておく。マンガンや銅がダブっているのは、それぞれ異なる酵素として働いているから。詳しくは第5章で。

【記号に慣れることが有機栽培理論への近道】

～本書で使っている記号の表記について～

私が本書で紹介している有機栽培の理論にたどりついたきっかけはいくつかあるが，その中でも炭水化物をCHO，アミノ酸やタンパク質をCHONと表記したことが大きい。CHONはそれぞれ元素記号でもある。

本書でもよく目にすることになる，炭水化物とチッソ（N）からアミノ酸，さらにタンパク質になるということは簡単に，

CHO + N → CHON

と表わすことができる。言葉よりずっと直感的で，この反応がCHONの組み替えであることがわかる。

そこで，アミノ酸をそのまま吸収したら植物の中でどのようなことがおきるだろうか，と考えてみた。

CHON + CHO → CHON + CHO

この式は，→の左側と右側の表記はまったく同じだが，この式を，「吸収したアミノ酸（CHON）と光合成でつくられた炭水化物（CHO）を原料にして，作物の側で細胞（タンパク質CHON）とセンイ（セルロースCHO）をつくる」というように解釈してみる。つまり→の左側は原料で，右側は原料を元につくり出された作物の体というように読み直してみるのである。

さらに，右側のCHOを別の用途に組みかえたら……。たとえば，果実に送り込むことで糖度のアップに，センイを強化できれば病害虫に強くなる。さらに天気の悪いときの光合成の補いに使うこともできるのではないか。

これは作物栽培が変わる！

こんなひらめきを与えてくれたのが，C，H，O，Nといった元素記号を使った式だった。このようなひらめきは，炭水化物とかアミノ酸といった言葉を使っていたのでは，永久に出てこなかったと思う。

本書で使っているC，H，O，Nといった記号や式は，農家の方には取っ付きにくい代物かもしれないが，私の有機栽培理論成立には欠かせないツールだったのである。もちろん，教科書的には精密ではないから，試験にこのとおり書いたら×になるだろう。しかし，作物や土の大枠をつかむには実に便利なのである。しかも応用も利く。

だから，私の有機栽培理論を知り，実践し，さらに発展させていきたいと考えてもらえるなら，ぜひ，この用法に慣れてほしいと思う。

本論に入る前に，これらの表記について簡単に紹介しておくので，本書を読んでいてわからなくなったら，このコーナーへ立ち戻り，確認していただきたい。

◆有機物に関するもの

C（炭素）／H（水素）／O（酸素）／N（チッソ）／CHO，CH_2O（炭水化物）/CHON（アミノ酸，ときには，タンパク質）

……なお，CHONでは，NとCの字の大きさを変えて多少を表現していることがある。

◆よく出てくる分子

H_2O（水）／CO_2（二酸化炭素，炭酸ガス）／$C_6H_{12}O_6$（ブドウ糖，光合成でつくられる糖）／NH_4（アンモニア）

◆ミネラルの元素記号

P（リン，リン酸として示すことがある）／K（カリウム，カリと呼ぶことが多い）／Mg（マグネシウム，苦土と呼ぶことが多い）／Ca（カルシウム，石灰と呼ぶことが多い）／Fe（鉄）／Mn（マンガン）／Cu（銅）／B（ホウ素）／Si（ケイ素，ケイ酸と呼ぶことがある）／Zn（亜鉛）／S（イオウ）／Cl（塩素）／Mo（モリブデン）／Na（ナトリウム）

第1章

有機栽培の三つの資材

有機栽培に切り替えて連作7年のゴボウ畑

有機栽培で中心となる資材は三つある。有機のチッソ肥料（**アミノ酸肥料**）、堆肥（**中熟堆肥**）、そして**ミネラル肥料**である。

この資材の中味はいずれも**アミノ酸**や水溶性の**炭水化物**という有機物であり、有機栽培では、これら有機物の**発酵**・分解によってつくられたものを肥料として施用し、植物に直接吸収させることによって収量・品質に優れた作物栽培をめざしている。

写真１－１　同じ節から５本の果実をつけた有機栽培のナス
すでに２本は収穫し残り３本が収穫を待つ
（写真提供　農事生産組合野菜村）

1．資材を細胞づくり、センイづくりに分ける

（1）植物の体は細胞とセンイからできている

植物の体は細胞とセンイとの絶妙な組み合わせでできている。生長点で細胞が次々と生まれ、センイがそれに付随するように組み立てられて葉や茎や根がつくられている。

この細胞の原料となるのがタンパク質であり、そのタンパク質はアミノ酸を組み合わせてつくられる。有機栽培のアミノ酸肥料はこのアミノ酸をタンパク質をつくる部品として植物に供給している。アミノ酸肥料は細胞づくりの資材なのである（**C／N比**の低い堆肥も使われる）。

一方、センイの原料となるのはセルロースであり、そのセルロースは光合成によってつくられる炭水化物のブドウ糖を直鎖状につなぎ合わせたものである。堆肥には**腐植酸**のように炭水化物が水に溶ける形で含まれており、植物はこの炭水化物をセルロースの部品の一部として使うことができる。つまり、堆肥は土壌団粒をつくりながら同時に、植物に吸収されるとセンイづくりの資材としても機能するのである。

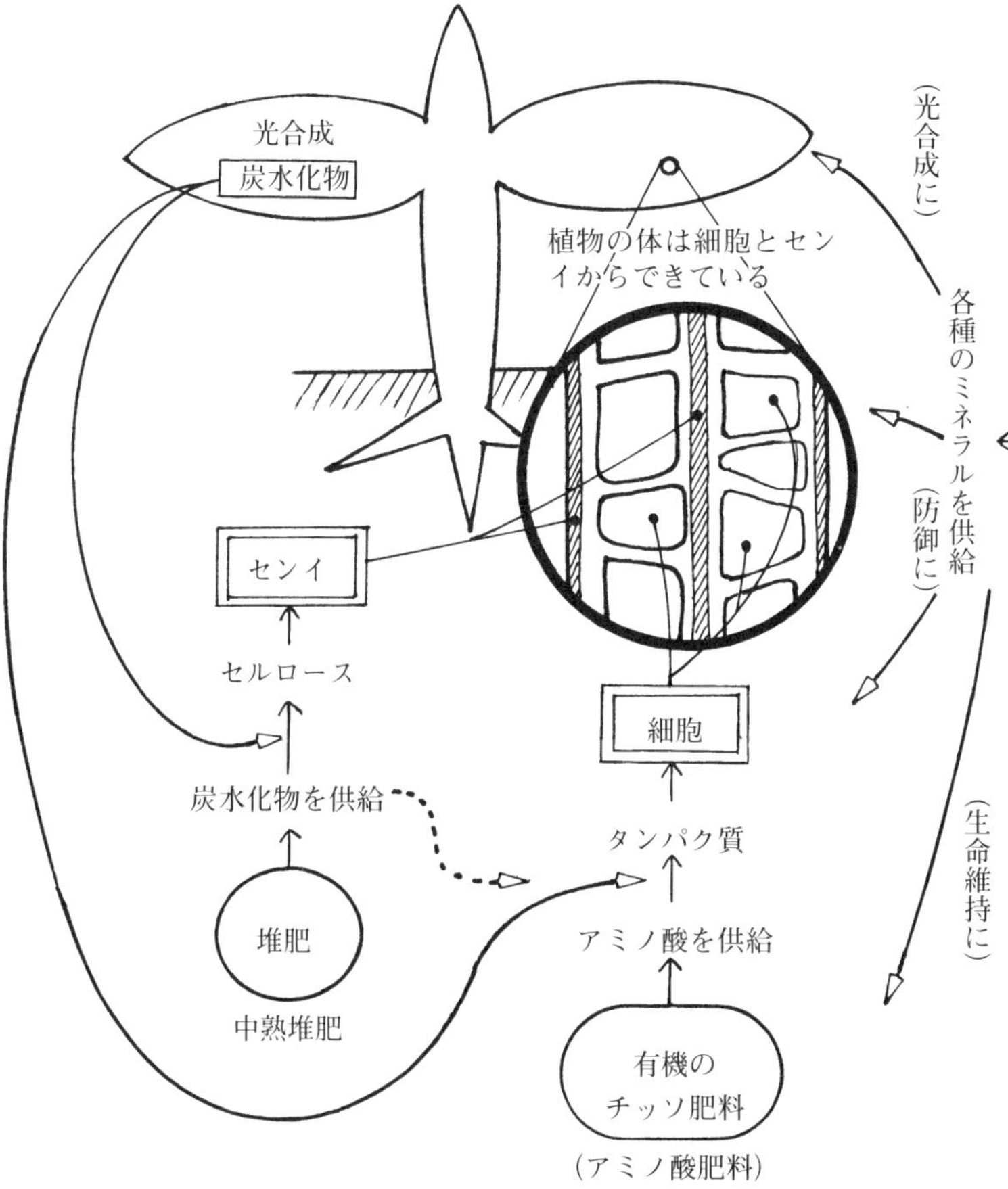

図1−1　植物の体の成り立ちと有機栽培の3つの資材

(2) 細胞とセンイをつくる資材のバランスが大事

有機栽培では、使う資材が細胞づくりの資材なのか、センイづくりの資材なのかを知って、その施用量を加減することが大切である。

細胞づくりの資材が多すぎては、葉は大ぶりになり、生育は徒長ぎみになる。花や実が止まらなかったり、止まっても充実しない。新葉はなかなか硬くならないから、病害虫の被害も受けやすい。

逆に、細胞づくりの資材が少なすぎると、植物は十分な生長量が得られず、収量が上がらなくなってしまう。

細胞づくりとセンイづくりの資材をバランスよく使いながら栽培していくことが有機栽培成功のポイントである。

2. 調整役のミネラル肥料

(1) 第三の肥料、ミネラル

三つめの資材であるミネラル肥料も、細胞づくりの資材とセンイづくりの資材に分けて考えることができる。

ミネラル肥料に有機専用の資材があるわけではなく、消石灰や炭カル（炭酸カルシウム）、硫酸苦土といった資材を使う。一般には土壌改良材として扱われ、施用されることの多い資材だ。

しかし、有機栽培ではこれら資材を土に対する改良効果を狙った土壌改良材としてより、植物の基本的な栄養としてきちんと位置づけ活用していく。とくに有機栽培の場合、根の活力が高まり、収量・品質も向上するために、土壌中のミネラル分の消耗が早く、ミネラル不足を招きやすい。有機栽培におけるミネラルは、先に紹介した二つの資材に勝るとも劣らないほど重要である。

(2) ミネラル肥料も細胞づくりとセンイづくりに分ける

そのミネラル肥料を私は三つに分け、それぞれを細胞づくり、センイづくりのグループに分けている。

センイづくりのミネラルは、①光合成に関係するマグネシウム、鉄、マンガンなど（光合成系）。②表皮を硬くしたり、病害虫や物理的な力から体を守るカルシウム、銅、塩素、ケイ素、ホウ素など（防御系）。細胞づくりのミネラルは、③呼吸や運搬、変化など生命活動全般にからむ鉄、マンガン、銅など（生命維持系）、というものである。

(3) 施肥の振れをただすのもミネラル

実際の栽培においては、資材の組み合わせに片寄りが出ることもある。たとえば良質堆肥が十分入手できなくてアミノ酸肥料を中心とした施肥では、作物は細胞づくり優先になりがちだ。そんなとき、センイづくりのミネラル資材を多めに施用すれば、バランスを回復することができる。

ミネラルの施肥は、植物の生体機能を調整する大事な役割があると同時に、細胞づくり、センイづくりのどちらかに振れた施肥をバランスのよい状態に戻す働きもある。

有機栽培のメリットは、図解ページで簡単に紹介したとおり、アミノ酸吸収によるタンパク合成の優位性や、アミノ酸に含まれる炭水化物部分（アミノ酸のCHONのNがタンパク合成に、残りCHOは炭水化物）による光合成機能の肩代わりなどいろいろあるが（注）、そのような役割を支える前提となるのが必要なミネラルの吸収である。

このような理由から、私は、中熟堆肥・アミノ酸肥料の施用だけでなく、ミネラルの適切な施用が行なえるように土壌分析を勧めている。

（注）詳しくは拙著『有機栽培の基礎と実際』（農文協刊）を参照。

3．発酵によって得られる機能性物質

（1）有機でもなまは使わない

私は、ナタネ油かすや魚かすのような、なまの有機質肥料をそのまま使うことを勧めていない。植物が吸収できるまで分解が進むには時間がかかるし、土の中のチッソ分を横取りして作物の生育を抑制する。さらには、土壌病害虫が取りついて増殖してしまうこともあるからだ（図1—2）。

有機物を施用するときは、アミノ酸が吸収できるくらいまでに発酵・分解の進んだ有機物（アミノ酸肥料）を使うのが基本である。これなら有機のチッソの吸収利用は格段に速くなる。「チッソの効きが遅い」という農家のもっている有機に対するイメージは、なまに近い有機質肥料や堆肥を使った栽培方法からきている。

写真1－2　3本整枝のそれぞれのツルに同じ大きさの実をつけたスイカ
葉の切れ込み，葉の立ち姿は炭水化物優先の生育を示している（写真提供　農事生産組合野菜村）

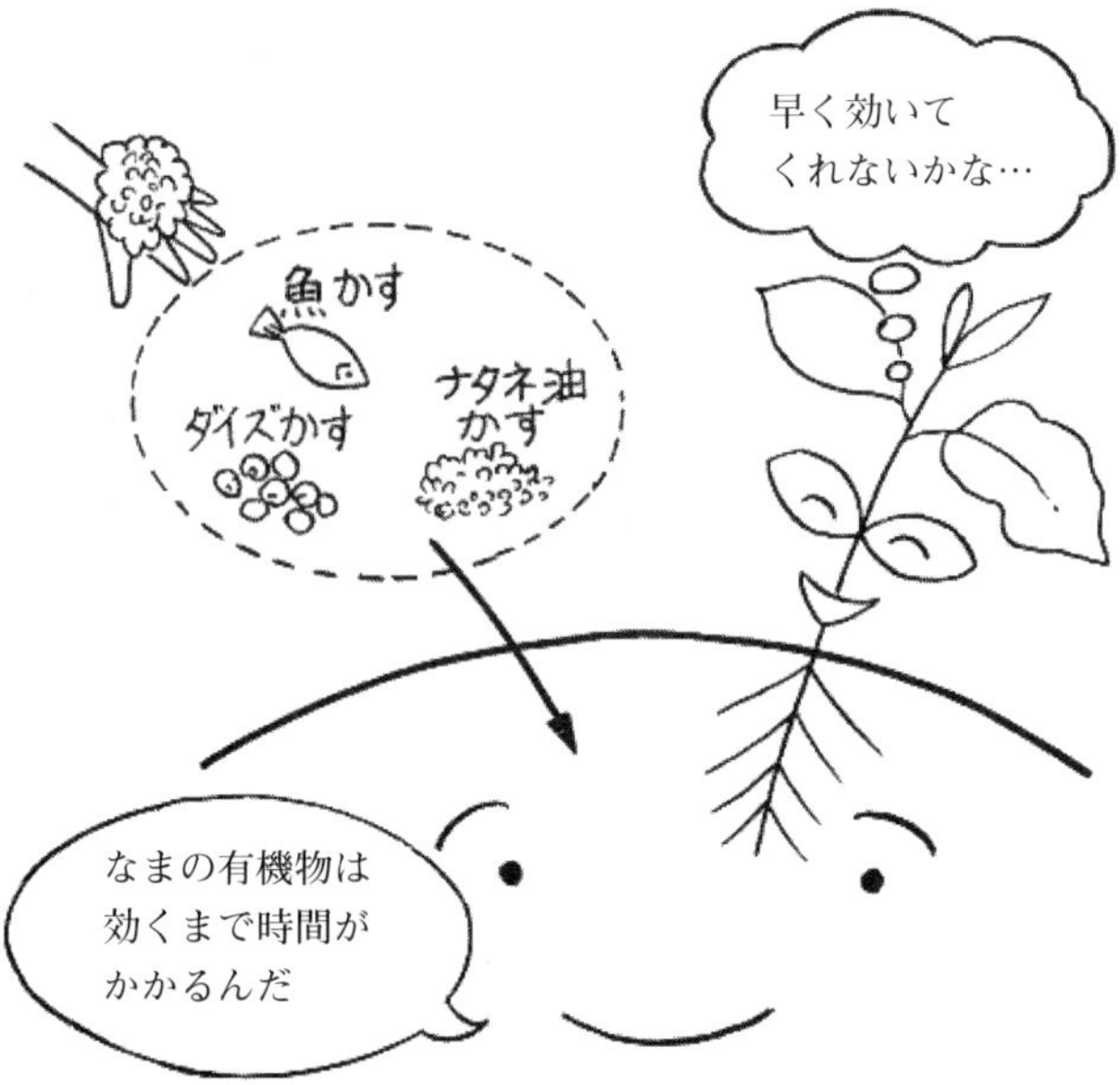
早く効いて
くれないかな…
魚かす
ダイズかす
ナタネ油
かす
なまの有機物は
効くまで時間が
かかるんだ
図1－2　なまの有機物は植物に利用されるまでに時間がかかる

(2) 発酵で得られるさまざまな反応物

さらに、有機物を発酵させることでさまざまな生理活性物質ができる。発酵に関わる微生物によっては、ビタミンやホルモンなど植物の生長を促す物質や、土壌病原菌などを抑制する抗菌物質（抗生物質）をつくる。これら機能性物質は、微生物が関わることではじめてつくられるもので、化成栽培ではつくれない。アミノ酸肥料や堆肥を使う有機栽培ならではのメリットでもある。

これらの物質の生成には微生物の発酵の力が関わっている。しかしこの可能性をいかすノウハウはまだ十分確立されていない。本書が追究しようとしているのは、その一端である。そこで次章からはまず、そうした微生物の力について見ることにしよう。

第2章

微生物の農業利用

酵母菌で発酵させたアミノ酸肥料を使って1房に12個の実のついたトマト

1. 有用微生物の特徴とクセ

有機栽培を成功させるには、微生物を知り、その力を上手にいかすことがポイントである。そこでまず微生物の性格・特徴を、有機資材の基本である堆肥づくりの工程を通して見ることにしよう。

なお、堆肥づくりの実際については第4章で詳しく紹介する。

(1) エサとして適している有機物

●有機物なら何でもいいわけではない

微生物は有機物を分解することで、養分やエネルギーを得て、増殖していく。堆肥づくりに関わる有用微生物も同じで、有機物を分解してエサとしている。堆肥もそんな微生物の活動の副産物なのである。

しかし、微生物はどんな有機物でもエサにできるかというとそうではない。人間がなまのコメをそのまま食べたのでは消化不良になるので炊いてご飯にするのと同様、微生物もエサとなる有機物、ここでは堆肥や**発酵**肥料の原料を上手に調製しておくことが大事である。

その調製のカギが水分とC／N比である。

●エサとして適した水分は五〇%前後

微生物はそれぞれ好みの水分状態がある。

身近なところでは、切りモチにはカビはよく繁殖するが、からからに乾いていたのでは繁殖できない。またヨーグルトをつくる乳酸菌は牛乳のような液体の中、水分が一〇〇%という環境の中のほうが増殖しやすい、というように。

堆肥をつくるのも、堆肥づくりに活躍してもらいたい糸状菌や酵母菌、**納豆菌**、放線菌といった有用微生物が増殖しやすい水分条件を準備しておくことが大切だ。ふつうは大体四〇～六〇%程度になる。原料の家畜ふんやオガクズを混ぜた状態で、この程度の水分含量に調製する。

●エサとしてバランスのよい有機物とは

微生物はエサの有機物を分解していくとき、その炭素（C）とチッソ（N）のバランスを適当に保ちながら取り込み、増殖していく。微生物の体もタンパク質を中心とした有機物（CHONなど）で構成されている。したがって、その構成比に近いCとNが、堆肥原料中にも必要なのである。この有機物中のCとNの割合・バランスを、C／N比と呼んでいる(表2—1)。

人間の食事でいえば、炭素Cはご飯(炭水化物)、チッソNはおかずの肉(タンパク質)で、両方バランスよく摂ることでエネルギーが得られ、健康な体がつくられる。どちらかに片寄った食生活では、健康な体はできない。微生物が食事をする(有機物を分解する)ときも、CとNの両方を、適当な割合(C／N比)で用意しておくことが必要なのである。

もし有機物中に十分なNがないと、周囲から調達して分解を進めることになるし、周囲にチッソNがなければ、分解は遅々として進まない。

表2−1 いろいろな有機物のC/N比

有機物	C/N 比
肉片，鶏ふん，酒かす，油かす	5 〜 10
牛ふん堆肥，豚ぷん堆肥，オカラ，米ヌカ	10 〜 25
ムギワラ，イナワラ，モミガラ	60 〜 80
樹皮（バーク），オガクズ	300 〜 500

表2−2 C/N比から見た有機物の効用と害

C/N 比*	有機物の例	効用または害の例
(25 以上)	オガクズ，ワラなど，未熟堆肥	チッソ飢餓
25 〜 15	堆肥	土壌団粒の発達を促す 植物のセンイをつくる
(15 以下)	アミノ酸肥料（発酵肥料，ボカシ肥）	肥料的な効果が高い植物の細胞をつくる

＊ C/N 比の数値はおおよそのもので，各欄の境界の数値は確定しているものではない

●堆肥原料のC／N比は一八〜二七

その適当な割合というのが一八〜二七である。原料をこの状態に調製することが、もっとも重要なポイントになる(表2—2)。

これよりもC／N比が小さいと肥料効果の高い、発酵肥料的な有機資材(**アミノ酸肥料**)になる。

反対に、C／N比が大きいと、周囲からチッソを調達してこない限り有機物は分解がなかなか進まない状態になる。こんな堆肥を畑に施用すると、畑にあったチッソ分を費消するため作物が吸収できず、生長が悪くなる(**チッソ飢餓**と呼ぶ)。これでは堆肥の役割を果たせない。

C／N比は有機物ごとにその数値が異なっており、いくつかの有機物を混

表２－３　堆肥の配合例

原料	配合割合	水分	C/N 比
牛ふん	60％	80	18.9
モミガラ	30％	10	92
鶏ふん	10％	65	6.9
堆　肥	(100％)	57.5	28.99

表２－４　微生物が増殖しやすい条件・環境

	温度	水分	空気（酸素）
糸状菌	15～40℃	20～80％	好き
酵母菌	15～40℃	多めを好む	幅広く対応できる
納豆菌	30～65℃	20～80％	大好き
放線菌	30～65℃	20～80％	大好き
乳酸菌	15～40℃	ないとダメ	嫌い

＊　数字，内容は農業分野で多く見られるものを対象としている。あてはまらない微生物も多い
＊　納豆菌とは，ここでは枯草菌などのバチルス菌を代表していっている。納豆菌そのものをいっているのではない
＊　納豆菌，放線菌の中には80℃くらいでも増殖するものもある

ぜて、水分とC／N比の両方の値が適当な範囲内に収まるようにして堆肥づくりをスタートさせることが、大事である。堆肥原料の配合例を表２—３に示した。

(2) 有用微生物と環境条件

●空気が好きな微生物・嫌いな微生物

微生物には好みの水分状態があるが、このことは、空気（酸素）が好きかどうかということと裏腹の関係にあることが多い。同じ容積の中に、固形物が同じ量あれば、水が多ければ空気は少ないし、水が少なければ空気は多くなるからである。乳酸菌のように高水分を好む微生物は、空気が嫌いということが多い（表２—４）。

堆肥づくりに活躍してほしい微生物は、空気が好きな、いわゆる好気性微生物である。好気性微生物のほうが有機物の分解が早く、植物や土にとって有用な物質をつくり出す力が大きいからである。また、作物が育つ環境（空気が多い）と、嫌気的な微生物の生育環境とは大きく異なり、同じ場所で生きていくことは難しいからでもある。

この微生物に空気の好き嫌いがあることを利用して、発酵をコントロールする方法が**切り返しやエアレーション**である。

●微生物の好む温度と品温管理

微生物はその種類によって、好みの温度帯がある。

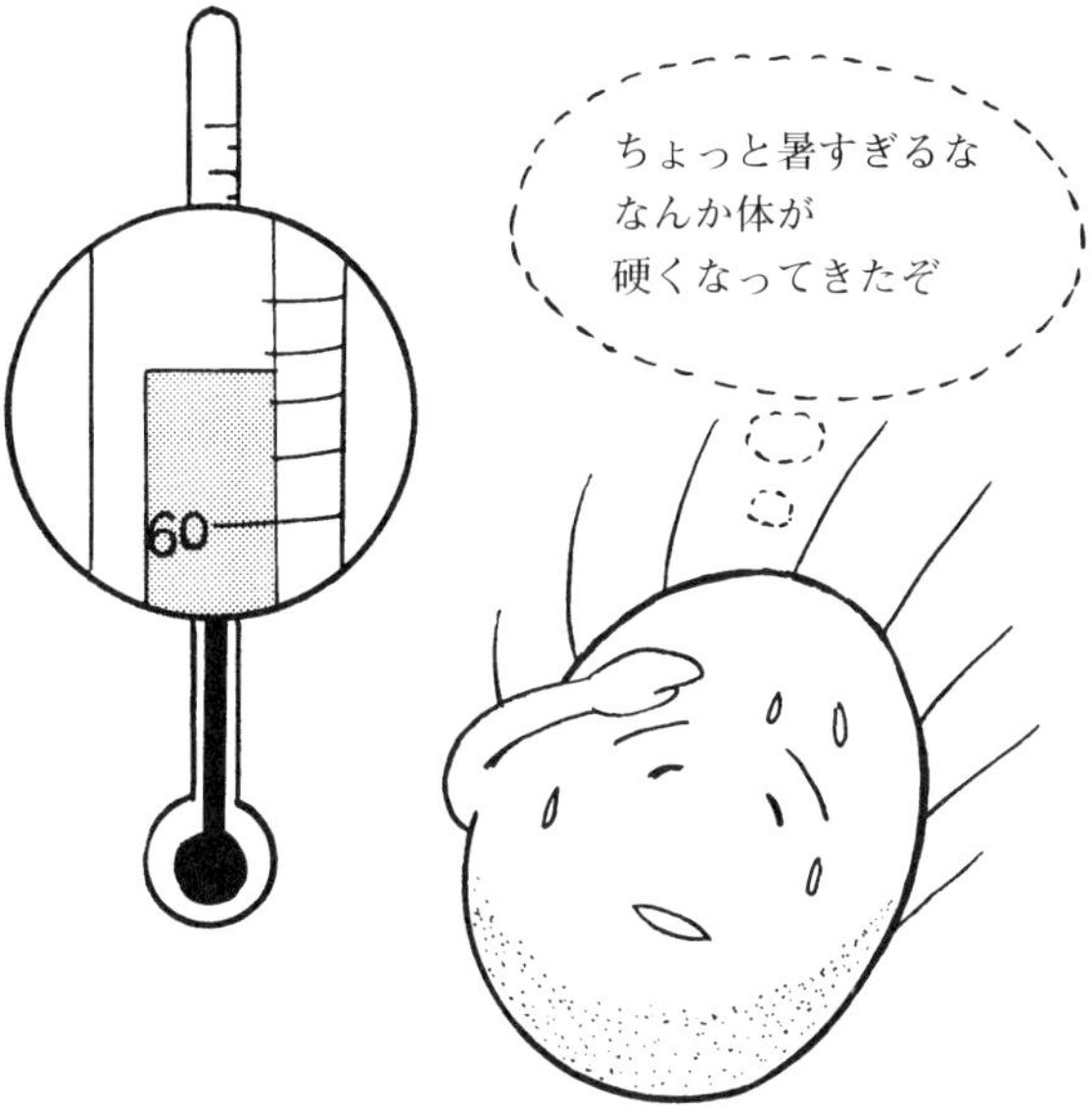
ちょっと暑すぎるな
なんか体が
硬くなってきたぞ
60

図2－1　微生物にとって62℃は鬼門
品温62℃を超えるとタンパク質は凝固し始める。微生物や酵素はダメージを受けるものが出てくる

糸状菌

たとえば、糸状菌の仲間は一五～四〇℃くらいを好む。堆肥の原料を堆積し始めてからまず糸状菌の仲間が活躍するのは、ほかの有用微生物より低めの温度を好むからである。しかし、しだいに温度が上がって五〇℃以上になると、糸状菌にとっては棲みづらくなり、その数を大幅に減らしていくことになる。

ちなみに、植物病原菌に糸状菌が多いのも、それが植物のセンイを分解する力をもっていて、しかも作物の生育適温と好みの温度帯が重なるからだ。

酵母菌

酵母菌も一五～四〇℃程度を好む。酵母菌は後述するようにタンパク質から**アミノ酸**を効率よくつくってくれる微生物だが、あまり高い温度帯では活躍できない。しかし堆肥の山の裾の部分や、外気と接していて温度の低い部分では増殖できる。また酵母菌を特異的に繁殖させた機能性堆肥は、**品温**の上昇を抑えながら酵母菌の発酵を進めたものである（115ページ）。

納豆菌・放線菌

納豆菌や放線菌は堆肥づくりの主役といえる微生物である。増殖しやすい温度も三〇～六五℃と、糸状菌や酵母菌よりかなり高い。空気が好きで、水分は幅広く対応できる。条件が整うと温度が上がりすぎることもある。

●六二℃以上は危険な温度

堆肥材料を堆積してしばらくすると、温度が上がってくる。有機物の発酵・分解には、発酵熱がともなう。その熱が蓄えられて品温が上がる。しかしこの品温は高ければ高いほどいいというものではない。

あまり温度が高くなりすぎると、ゆで卵のように微生物の体（をつくるタンパク質）が固まってしまうことがある。また、微生物がつくるさまざまな**酵素**も、熱のためその働き（活性）を失ってしまうことがある（失活という）。

タンパク質が固まる温度は、一般に六二℃といわれている。この温度以上は多くの微生物にとって危険な温度といえる（すべての微生物が六二℃以上になると死滅するわけではない）（図2—1）。

図2−2　微生物を放任し，品温管理をしないと難分解性有機物だけが残ってしまう

●微生物は分解しやすい有機物を優先する

堆肥づくりなどで品温を下げずに微生物をそのまま放任すると、納豆菌や放線菌などがすごい勢いで有機物を、それも分解しやすい有機物ばかりを分解して増殖し、品温をさらに上げていく。ときには品温が七〇℃を超えることもある。

そうなると、堆肥の品質上の問題が生じる。堆肥づくりの狙いである水溶性炭水化物があまりできず、センイ類などの**難分解性有機物**だけが残ってしまうのである。有用微生物といえども、増殖の条件が整ったまま放任すると、易分解性の有機物とチッソ分ばかりをエサとして消費する。そのほうが増殖に有利だからである（図2―2）。

●高温で放置すると価値のない堆肥に

また、高温になると原料中のチッソはアンモニアとなって放出される。切り返しすると、大量の蒸気とともにすごいアンモニア臭がする。つまり、本来なら堆肥中に残るはずのチッソ分が、大気中に揮散してしまうのである。

微生物も高温に強いものだけが生き残る。しかし、残った難分解性の有機物を分解するために必要な**炭水化物**やチッソが消費されるために、増殖もままならない。最終的には微生物も、水溶性炭水化物も少ない堆肥になってしまう。

さらに、品温が高くなりすぎれば、微生物自身の活性が失われたり、せっかくつくられたビタミンや酵素も活性を失ってしまう。

以上のように、微生物任せの発酵を進めたのでは、作物や土にとって価値の低い堆肥や発酵肥料しかできない。そこで、有機物の調製（水分、C／N比）や切り返し・エアレーションなどによって、その活動を上手に制御してやることが必要になる。微生物のもっている温度や水分に対する反応を知って、堆肥や発酵肥料の価値が損なわれないようにしたい。

2. 有用微生物の種類とその特徴

ここでは、農業で活躍している微生物の種類とその特徴について、紹介しておく。いろいろな微生物を活用するときに参考にしてほしい。

(1) 糸状菌

●小さな炭水化物や糖をつくる

コウジカビなどのカビの仲間で、土壌微生物の中でもっとも多いといわれる。

こうじ菌によって米のデンプンが糖化されるように、分子の大きな炭水化物（デンプンやセンイなど）を分解して、小さな炭水化物や糖をつくる。また、カツオ節菌のようにタンパク質をアミノ酸にする仲間もいる。

糸状菌には植物病原性をもつものも多いが、有機の堆肥やアミノ酸肥料をつくる場合、発酵の初期段階で活躍してもらわなければならない微生物でもある。

好む温度帯は種類によってさまざまだが、おおよそ一五～四〇℃で、発酵微生物の中では高いほうではない。

●ほかの有用微生物増殖の地ならし役

糸状菌が有機栽培で重要なのは、デンプンなどの炭水化物を分解して、より小さな炭水化物、糖などをつくる力が強いからである（図2―3）。

有機物
（デンプン
センイ類）
（糸状菌）
ホラ
これを食べて
元気をつけて
一生懸命
仕事しな
これは
ありがたい
エネルギー満タンで
ガンバルぞ
（微生物）

図2―3　糸状菌はほかの微生物のエサをつくってくれる

アミノ酸肥料をつくる場合、糸状菌によって原料中のデンプンを分解して糖をつくり、その糖をエネルギー源にして、酵母や放線菌などが増殖、今度はこの酵母や放線菌がタンパク質をアミノ酸にかえる。つまり、糸状菌によるデンプンの分解が進まないと、糖ができないために、アミノ酸づくりも効率よく進まないということなのである。

糸状菌は、次につづく有用微生物のエサをつくることで、有機質を肥料化するときのスターター的な役割を担っている。

(2)　酵母菌

●アルコール発酵の主役

酵母菌は、パンやビール、ワイン、酒など食品加工分野ではさまざまな用途に使われている。

糖を分解してアルコールにかえたり、タンパク質を分解してアミノ酸やサイトカイニン様物質をつくったりするのが、この酵母菌である。

酵母菌は通性嫌気性菌という、あまり空気のないところでも活動できる特徴をもっている。そのため好気性菌の納豆菌などと比べると、分解の速度は遅いが、そのぶんエネルギーロスが少なく、歩留まりよくアミノ酸をつくり出すことができる。

同時に、嫌気的な環境の中で進みやすい有機物の腐敗を防ぐ力ももっている（写真2―1）。

写真2－1　有機物の腐敗防止のためにアゼから酵母液を注ぐ

酵母菌の発酵温度は四五℃くらいまでで、これ以上高くなると納豆菌など別の微生物が優勢になってしまう。タンパク質から歩留まりよくアミノ酸をつくるには、酵母菌が増殖しやすい温度管理をすることがポイントになる。

●サイトカイニンに似た物質をつくる

また、酵母菌はタンパク質からサイトカイニン様の物質をつくっている可能性がある。

サイトカイニンは植物ホルモンの一種で、主に根で合成されて、地上部に運ばれ、細胞分裂の促進や側芽の生長促進、老化抑制といった働きをしている。私はかつてさまざまな微生物を培養したことがあるのだが、もっとも増殖率の高いのが酵母菌だった。増殖率が高いということは、細胞分裂の速度が速いということである。何らかの促進物質があるのではと考えたものだ。

文献によると、酵母液抽出液に細胞分裂を促進させる作用があることが、一九五〇年前後に発見されている。このことからも、酵母菌がきちんと働いた有機資材には作物の生育にプラスの効果を及ぼすものがあると考えている。

●自家採取の酵母菌も使える

酵母菌は、特別に添加しなくても、原料に付着している酵母菌で菌を優占させることができる。

しかし、自分で選抜して自家培養した酵母菌や、市販の酵母菌を使用することも可能だ。その例を図2―4に示しておく。

酵母は、酒かすやアケビなどの野生果実などに多く含まれている。それと、糖分、そしてダイズの煮汁などタンパク源を加えて培養すればよい。拡大培養には、糖分とアミノ酸が必要だが、糖分だけでもエネルギー源は得られる。これを発酵原料にタネ菌として加えてもよい。

●食品加工用の酵母も注目

市販の酵母菌として注目したいのが、パン酵母や天然酵母、酒精酵母な

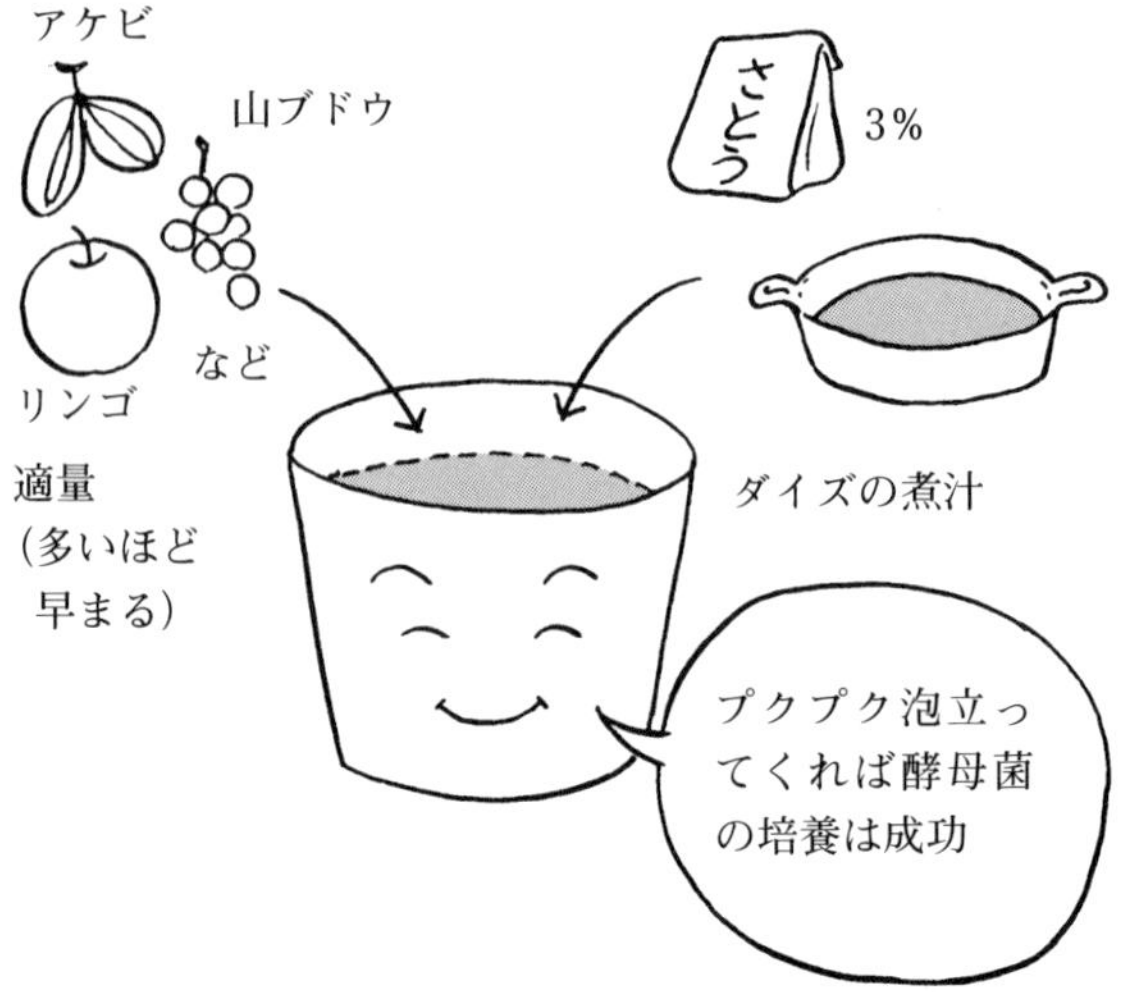

図2−4　酵母菌の培養法(例)

どである。とくに自然界から採取した酵母菌の中には、非常に活力が高く、発酵資材のタネ菌として有力なものもある。

また、しょう油など塩と一緒に使われる酵母にも注目したい。しょう油やみそは、ムギやダイズのタンパク質を酵母がアミノ酸にかえていく。そこは塩が多量にある生き物にとっては過酷な環境のはずだが、その中でも発酵を続けることのできる酵母(耐塩酵母)はたいした力をもっている。その潜在力は、有機資材づくりでも生かせる。

長い歴史の中で、その有用性はもちろん、安全性・安定性が確認されている微生物を、農業分野で利用する価値は大きい。

(3)　放線菌

●腐葉土の匂いの正体

放線菌は好気性の微生物で、腐葉土の下など湿気があって空気の通りもよいところに棲みついている。最近はあまり見なくなったが、住居の縁の下の土の匂いは、この放線菌のものといわれている。

堆肥の表面から五〜一〇cmくらいのところに白く糸状や粉状に見える部分が放線菌の菌糸である。堆肥の製造過程では、まず糸状菌が増殖し、その後で納豆菌やこの放線菌が増殖してくる。

●フザリウム病・センチュウ害を抑制

放線菌の大きな特徴は、土壌病害虫を抑える効果をもっていることである。キチナーゼというキチン質を分解する酵素をもっているのと、種類によってだが、抗菌物質もつくる。

土壌病害虫のセンチュウや甲虫類の表皮、フザリウム菌(萎黄病、立枯病、つる割病など)といったカビの仲間の細胞膜は、キチン質でできている。放線菌はこれらのキチン質をキチナーゼで分解して、栄養源として取り込む。つまり、放線菌が増殖することによって、これらの病害虫にダメージを与えることができるというわけである（図2―5）。

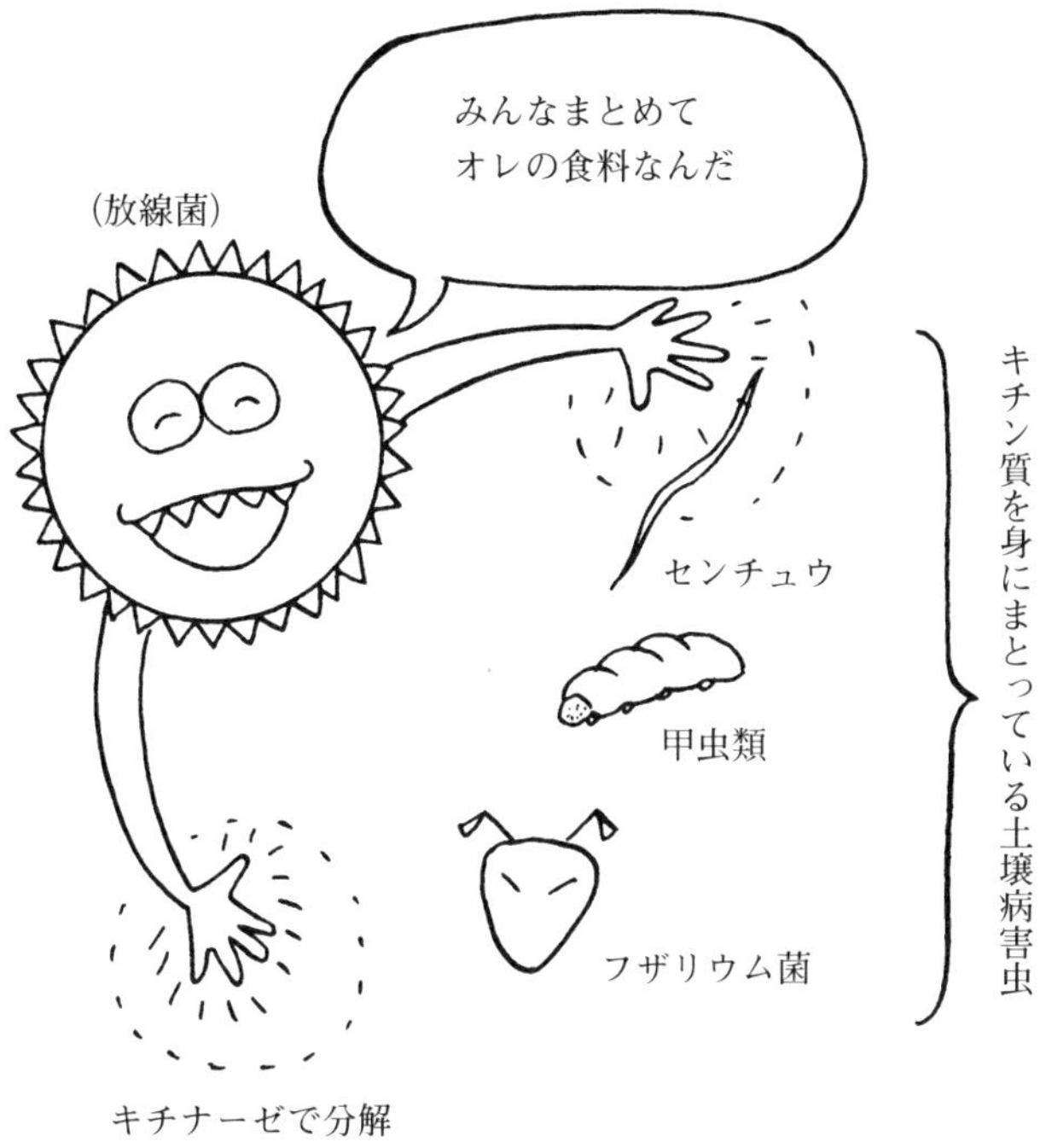

図2―5　土壌病害虫を抑える放線菌

昔からカニガラやエビガラなどを畑にまくと、フザリウム病が減ると云われてきた。甲殻類の殻はキチン質でできており、放線菌のエサになる。その結果の病害抑制効果である。これを応用して堆肥原料にカニガラなどを加えてやれば、土壌病害に強い堆肥ができる。

（注）ただし、ジャガイモのそうか病菌は放線菌でも土壌病原菌である。

●抗生物質をつくるものもいる

一部の放線菌は、抗菌物質（抗生物質）をつくることも知られている。この抗菌物質はもちろん有機物が分解したアミノ酸や有機酸からつくられる。有機栽培ならではの物質といえる。**化成栽培**ではこのような生化学的な有用物質をつくることはできない。

（4）納豆菌

●多彩な能力を発揮

納豆菌の仲間は種類も多く、さまざまな酵素をもっているので、農業分野での応用範囲は大変広い。たとえば、セルロースやタンパク質、さらに油脂

●高温発酵になりやすいので注意

納豆菌は基本的に好気性の微生物で、三〇～六五℃程度を好むが、かなりの高温下でも増殖できる。冬場の堆肥づくりでは発酵温度を確保しやすく、発酵も早い反面、エネルギーも使うので、有機物のチッソ分や炭水化物分の減り方も大きい。歩留まりが悪いのである。熱が高くなると、有機物のチッソ分がアンモニアガスとなるので、悪臭も発生しやすい。

●幅広い抗菌作用をもっている

納豆菌の仲間は、抗菌作用、分解酵素、攻撃性など幅広い特性をもっている。

抗菌作用では、病原菌で一番多い糸状菌や雑菌の増殖を抑える力をもっている。この力は汎用的で、われわれに都合のよい微生物まで生育を抑えられてしまう。発酵肥料など有機資材をつくるときに始めから添加してしまうといったものを分解する力をもっているものが、身近に存在している。

納豆菌は、ダイズを分解して旨味成分であるアミノ酸をつくり、糸のようなネバネバ物質をつくる。納豆菌の仲間は、土壌中で有機物中のタンパク質を分解してアミノ酸にしたり、粘質物質を出して土壌団粒の形成に役立ったりしている(図2―6)。

(注) 本書では、納豆菌の仲間、バチルス菌や枯草菌なども含めて納豆菌といっている。用語集を参照。

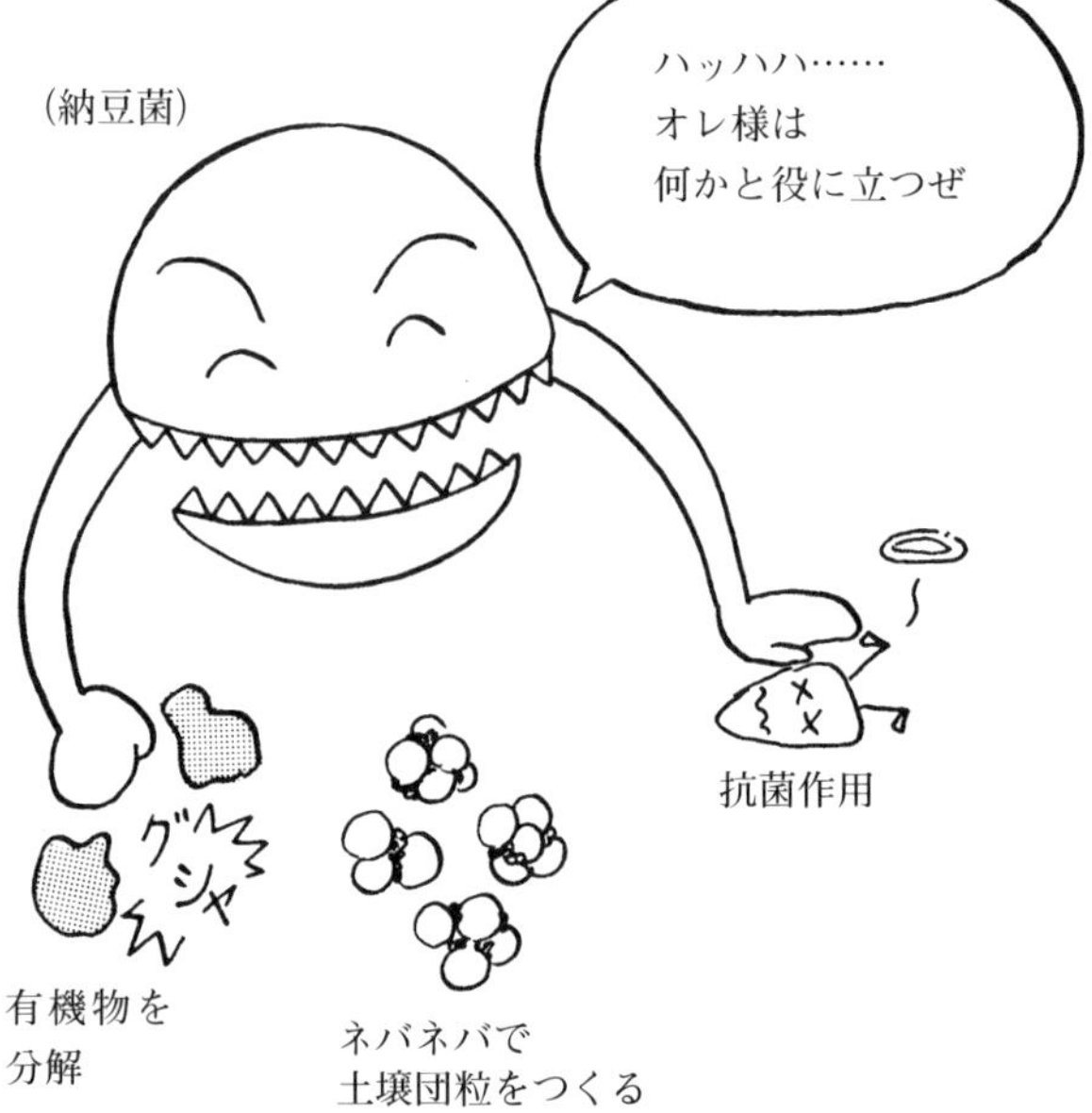
(納豆菌)
ハッハハ……
オレ様は
何かと役に立つぜ
抗菌作用
グシャ
有機物を
分解
ネバネバで
土壌団粒をつくる

図2－6　多彩な働きをする納豆菌

と、他の有用菌の増殖を抑えてしまいかねない。

ただ、堆肥の場合は、切り返しやエアレーションで空気量をしぼる（堆肥の品温を六〇℃以上にしない）ことで納豆菌の増殖をコントロールできる。

●タンパク質、センイを分解する力が強い

納豆菌の分解酵素のうち、とくに重要なのは、タンパク質分解酵素とセルロース分解酵素である。

納豆菌のもつタンパク質分解酵素は、酵母菌とともに有機物中のタンパク質を分解してアミノ酸をつくり出す。このアミノ酸は作物に吸収され、利用される。

一方のセルロース分解酵素は、とくに堆肥として大量に圃場に投入したときに効果を発揮する。なぜなら、作物の作付け時には、土の中にまだ前作の残根や残渣などが残っていることがある。これをそのまま放置しておくと、土壌病害虫のエサになったりしかねない。しかし納豆菌をもった堆肥を作付け前に施用しておけば、その未熟有機物をエサに納豆菌が増殖して、セルロースを分解、水溶性の炭水化物などにかえておいてくれる。

放っておけば有害微生物のエサになりかねない未熟有機物を、納豆菌が先取りすることで、有害微生物の繁殖を抑え、作物に有用な物質を用意しておくことができるのである。

(5)　乳酸菌

●乳酸がもつ殺菌作用

乳酸菌は嫌気性菌で、乳酸をつくる微生物である。乳製品のヨーグルトや家畜飼料のサイレージなどがこの乳酸菌によってつくられる。

乳酸菌がつくる乳酸は有機酸の一種で、殺菌作用をもっている。このため食品加工では雑菌を抑える露払い的な役割を担っている。ドブロクをつくるときにイーストを入れて乳酸をつくり、その酸によって雑菌を防いで、酒精酵母のアルコール発酵を助けている。

●ミネラルを可溶化する

乳酸は有機酸なので、**キレート**もつくる。つまり土壌中の**ミネラル**を可溶化して、作物に吸収しやすい形にする力もある。

●水田で力を発揮する

嫌気性菌の乳酸菌利用は、ほかの好気的な微生物の場合と少し異なる。

代表的な活用場所は、水田である。水田は畑と違っていつも水がある、嫌気的な環境である。この水田で問題になるのがガスわき、硫化水素の害だ。それこそ嫌気的な条件でおきやすいのだが、そんなときに乳酸菌を培養した発酵液を水口から流してやると抑えることができる。

ただし、乳酸菌は乳酸をつくるので、水田に石灰や苦土といったアルカリ分が十分ないとpHが低くなりすぎることがある。

●ジャガイモそうか病対策に

ジャガイモのそうか病は、好気性の放線菌の一種によって引きおこされる。そうか病菌はアルカリ性を好み、イモのできる地中で繁殖する。そこで、ビートかすなどの有機物を嫌気性と好気性の二種類の乳酸菌で発酵させ、アミノ酸肥料と一緒にイモの育つ地中に施すと酸性環境がつくられて、病害の発生を少なくすることができる。

第３章

細胞をつくるアミノ酸肥料

同じ節から複数の花と果実が出ている
多収のナス
（写真提供　農事生産組合野菜村）

1. アミノ酸肥料とは

（1） 有機のチッソ肥料

●細胞づくりの肥料

私が勧める**有機栽培**ではチッソ肥料として**アミノ酸肥料**を使う。第1章で述べたようにアミノ酸肥料の狙いの第一は、作物に有機態チッソを供給することである。

作物は施用したアミノ酸肥料をもとにタンパク質をつくる。アンモニアや硝酸からタンパク質をつくる**化成栽培**とは、この点が大きく異なる。このタンパク質は細胞をつくる基本原料で、タンパク質をさまざまに組み合わせて細胞の部品がつくられ、できた部品を組み合わせて細胞がつくられる。さらに細胞を組み合わせることで、葉や根や果実など作物の体ができていく。

アミノ酸は作物のタンパク質、細胞をつくる基本原料であり、有機態チッソはこのアミノ酸を主体としている（図3―1）。私は、有機栽培でのチッソ肥料であるアミノ酸肥料を、細胞づくりの肥料と位置づけている。

●炭水化物も供給する

アミノ酸肥料が、いわゆる化成のチッソ肥料と決定的に違うのは、**炭水化物**部分をもった肥料だということである。

本書ではアミノ酸やタンパク質を「ＣＨＯＮ」と表記しているが、Ｎの前の部分、「ＣＨＯ」がその炭水化物部分である。これをアミノ酸肥料はもっており、チッソ肥料として施肥すると作物はチッソだけでなく、この炭水化物部分も根から吸収する。**光合成**でつくった炭水化物と合わせ作物は両方の炭水化物を利用できるのである。これが有機栽培の利点であることは前にも述べたとおりである。

アミノ酸肥料はチッソとともに炭水化物部分をもつことで、作物の炭水化

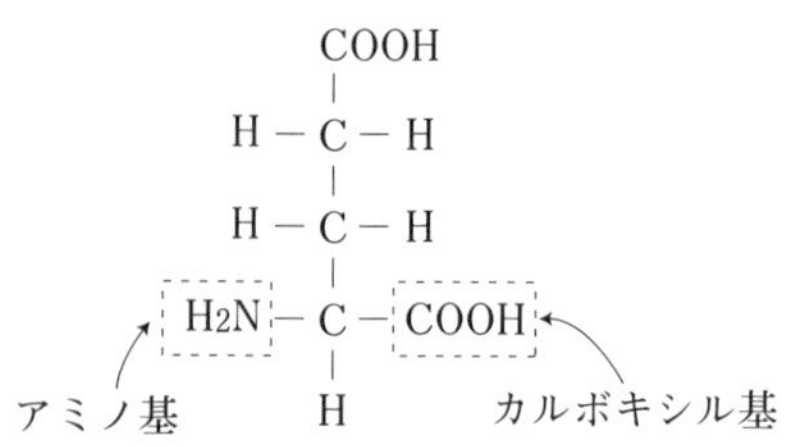

図3―1 アミノ酸分子の特徴
アミノ酸の分子はアミノ基とカルボキシル基をもっている。図はグルタミン酸（$C_5H_9O_4N$）の分子構造

物総量を増強することのできる肥料なのである（図3―2、写真3―1）。

●できるだけ速やかに効かせたい

有機のチッソはできるだけ水溶性の、作物が吸収利用しやすいものがほしい。

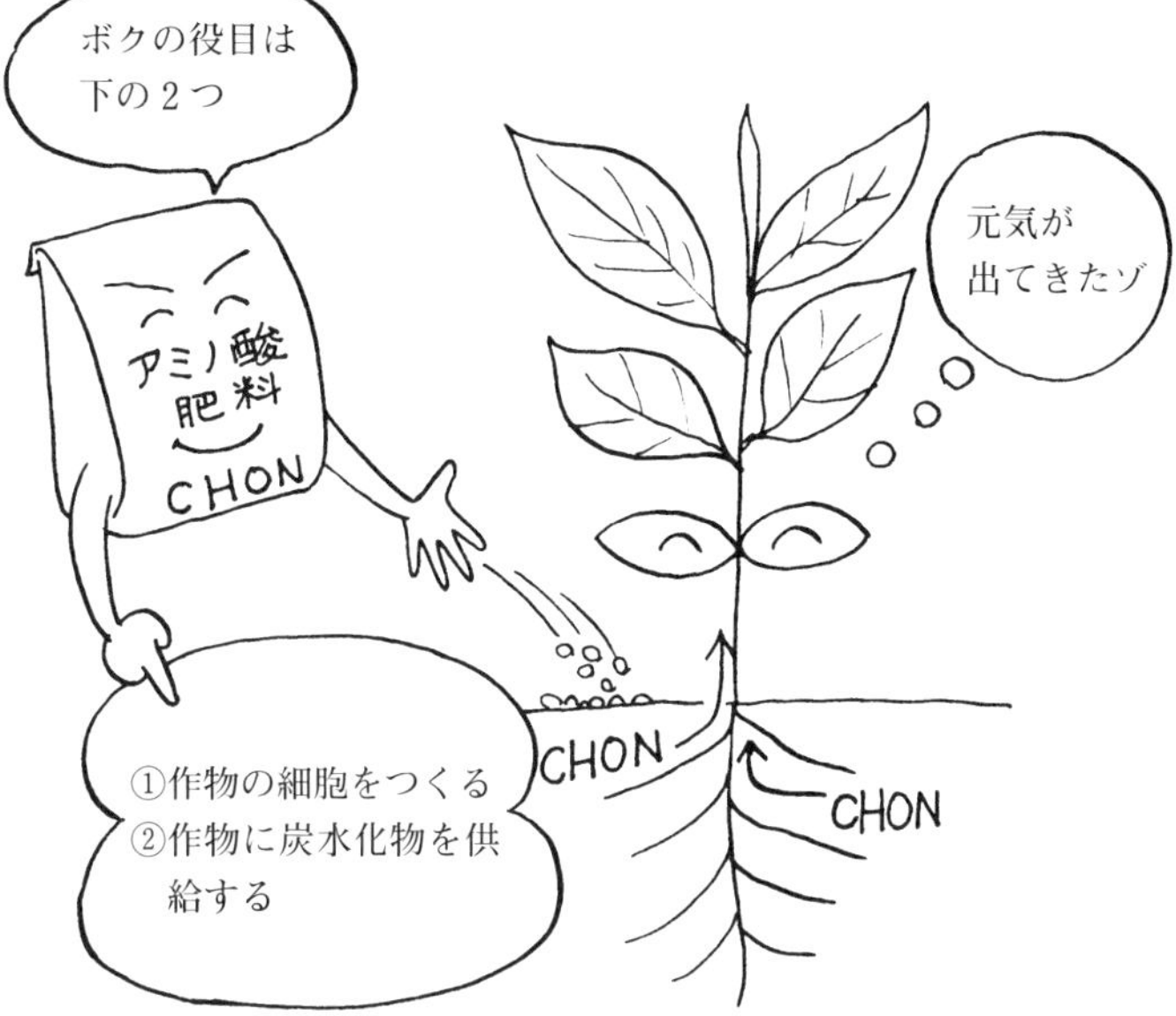
ボクの役目は
下の2つ
アミノ酸
肥料
CHON
元気が
出てきたゾ
CHON
CHON
①作物の細胞をつくる
②作物に炭水化物を供
給する

図3―2　アミノ酸肥料の役割

写真3―1　余剰炭水化物が穂の充実に向かうと左のようなみごとなイネになる
（写真提供　農事生産組合野菜村）

有機物が分解して有機態チッソが植物に吸収、利用されるようになるまでには時間がかかる。**発酵**が十分進んでいないボカシ肥やなまの有機質肥料は、土中で発酵・分解が進んで、水溶性になってはじめて吸収、利用されるようになる。

とくに生育初期の葉を大きく充実したものにすることは、光合成＝炭水化物生産をしっかり行なうための基本であり、その後の生育を大きく左右するポイントである。葉は細胞からできている。生育初期に大きく充実した葉をつくるには、細胞づくりの肥料であるアミノ酸肥料を速やかに効かせたいのである。

このようなことから、私の考えるアミノ酸肥料として、みそやしょう油の匂いがするくらいまで分解した発酵肥料（発酵型アミノ酸肥料）や、魚汁などから抽出精製した抽出型のアミノ酸肥料がよいと考えている。

(2) 土壌病害抑制は目的外

しかし、有用微生物が発酵しているアミノ酸肥料なら土壌病害も抑えられるのではないか、と考える人がいるが、それはちょっと難しい。

●酵母菌では抑えられない

なぜならアミノ酸肥料は、最終的には原料のタンパク質をアミノ酸にまで分解する酵母菌によって発酵を進めるが、この酵母菌に、土壌病害を抑える力はそれほどないからである。もちろんアミノ酸肥料をつくる過程では、**納豆菌**や放線菌も増殖している。納豆菌は、細胞膜がセンイでできている病原菌なら抑えることができるし、放線菌は抗生物質をつくり、有害微生物を抑える。また、キチナーゼというキチン質を分解する酵素ももっているので、フザリウム菌やセンチュウなど表皮がキチン質で覆われている土壌病害虫も抑えられる。

しかし、アミノ酸肥料はあくまでチッソ肥料で、施してもせいぜい一〇aに一〇〇～二〇〇kg程度である。この程度では、土壌全体に棲みついている土壌病害虫を抑えることはとてもできない。

アミノ酸肥料に含まれる納豆菌や放線菌は、土壌病害虫を抑えるというより、アミノ酸肥料そのものを有害な微生物から守っている程度である。

●堆肥とセットで施す

だから私は、土壌病害虫を抑制するのは堆肥（**中熟堆肥**）でと考えている。堆肥なら施用量も多く、有用微生物の数も多い。圃場全体に広がっている土壌病害虫にも十分対抗できる量を施せる。アミノ酸肥料と土壌病害抑制は分けて考えたほうがよい。

とくに、抽出型のアミノ酸肥料は、製造過程で加熱処理され無菌の状態になっているうえに、発酵型のアミノ酸肥料と違って納豆菌や放線菌によるガードもない。土壌病原菌のエサとなりやすく、土壌病害虫を増やしてしまう危険がある。そこで、抽出型のアミノ酸肥料の場合は必ず納豆菌や放線菌が増殖している良質堆肥と一緒に施用することである。

2. アミノ酸肥料づくりの実際

(1) つくり方の基本工程

●三つの工程

アミノ酸肥料は、微生物の力を利用して有機物を発酵・分解してつくられる。その基本的な工程は、堆肥づくりと同じだが、堆肥よりもチッソ成分の高い有機物（魚かすやダイズかす、オカラなど）を使う。そのため材料が腐敗しやすく、アンモニアガスなどが発生したり、作物に有害な物質が生成されたりする。

このような問題を回避して、より品質の高いアミノ酸肥料をつくっていくためには、工程を①**一次発酵**、②**二次発酵**、③熟成・乾燥・休眠という三つに分け、それぞれの工程ごとに狙いをはっきりもって作業することが大切である（図3—3）。

●一次発酵は糖づくり

一次発酵というのは、有機のチッソ肥料をつくるための助走段階である。

アミノ酸肥料づくりでは、チッソ分の多い有機物を発酵させるために腐ったり、悪臭が発生することがある。タンパク質の発酵・分解を上手に進めていく微生物が十分に増殖していないことが、原因である。

そこで、まず一次発酵によって、有機物中のデンプンなどの炭水化物を糸状菌によって糖にかえる。糖ができると、タンパク質を分解する酵母や納豆菌などはその糖をエネルギー源にして、タンパク質を分解してくれる。

一次発酵の段階では、米ヌカや糖みつ、ビートかすといったデンプン・炭水化物の多い有機物を中心に発酵を進め、糖を十分につくる。堆積していた有機物のところどころにカビが発生して、少し甘ずっぱい匂いがしてきたら、糖ができてきた証拠である。水分が適当なら、三〜七日で**品温**は五五℃まで上がる。ここまでが一次発酵である。

●二次発酵で微生物・有用物質を増やす

一次発酵が終わったら（品温が五五℃になったら）、魚かすやダイズかす、ナタネ油かすなどのタンパク質を多く含んだ有機物を加えて二次発酵に移る。

発酵している材料では糖がどんどんできて、その糖をエネルギー源に酵母菌や納豆菌がタンパク質を分解して、アミノ酸をつくる。二次発酵は、有機

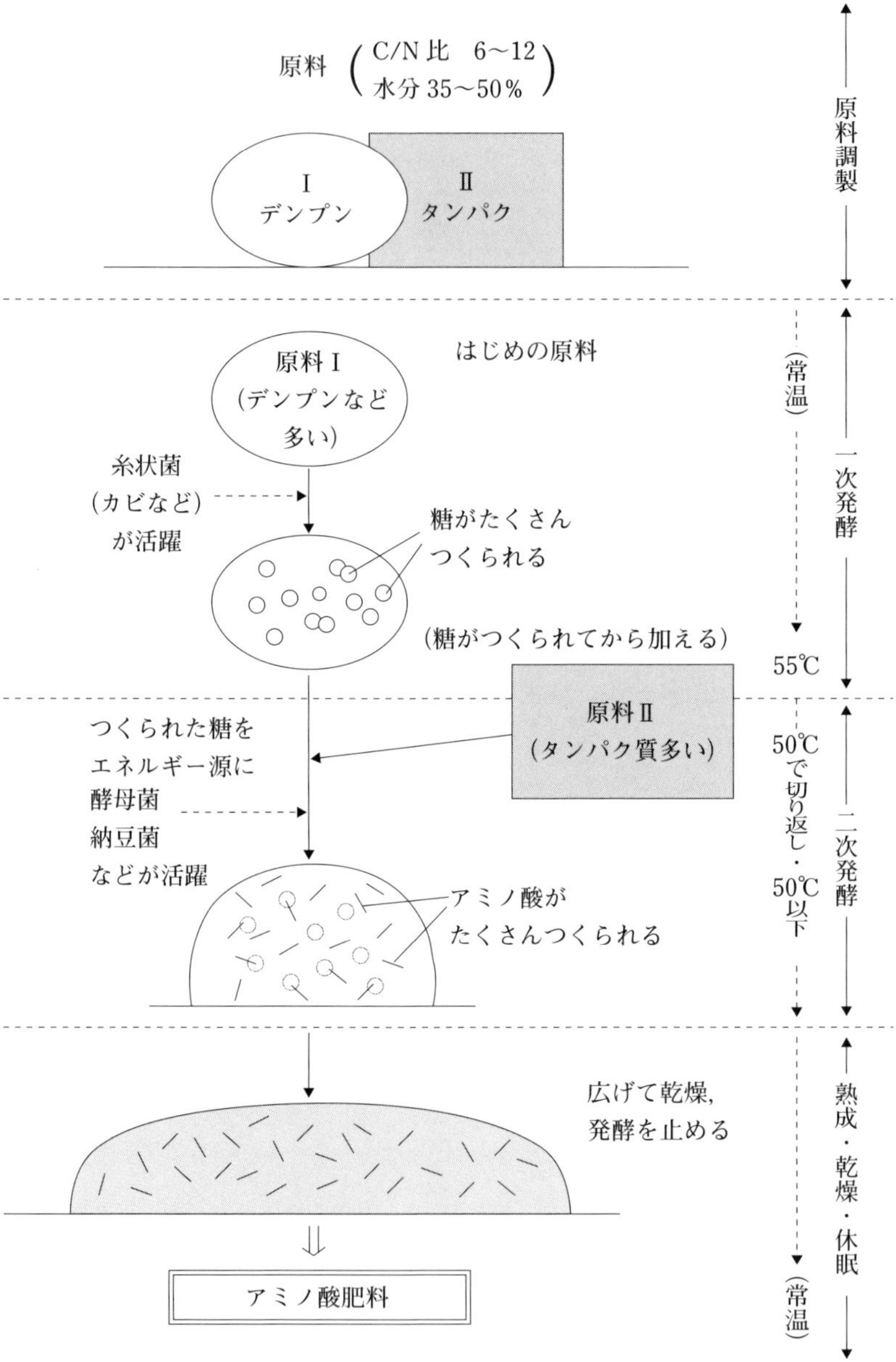
原料（C/N比　6～12
水分35～50％）
I
デンプン
II
タンパク
原料調製
はじめの原料
原料I
（デンプンなど
多い）
糸状菌
（カビなど）
が活躍
糖がたくさん
つくられる
（糖がつくられてから加える）
（常温）
55℃
一次発酵
つくられた糖を
エネルギー源に
酵母菌
納豆菌
などが活躍
原料II
（タンパク質多い）
アミノ酸が
たくさんつくられる
50℃で切り返し・50℃以下
二次発酵
広げて乾燥，
発酵を止める
アミノ酸肥料
（常温）
熟成・乾燥・休眠

図3－3　アミノ酸肥料ができあがるまで

のチッソ肥料をつくり出すメインの工程である。

この期間は、タンパク質を含む材料の違いや、つくる時期によって幅がある。分解しやすいダイズかすやナタネ油かす、魚かすなどはおよそ三十日ほどかかる。オカラでは二十日ほどと短い。分解しにくい蹄角《ていかく》や羽毛などであれば四十五日くらいは必要になる。また、材料の粉砕程度によっても期間は変わり、細かいほど発酵分解は早く進むことになる。さらに、気温が高い季節ならこれより短くなるし、気温が低ければ長くなる。ただし、気温の高い時期は雑菌の繁殖も容易になるので、つくるのは難しくなる。

二次発酵でアミノ酸ができてくると、みそやしょう油の香ばしい匂いがしてくる。できるだけアミノ酸の多い有機肥料にするためには、ほんの少しアンモニア臭がしてくるまでもう一歩発酵を進めたい。

●最後は放冷・乾燥して完成

二次発酵が終われば（みそ・しょう油の匂いにアンモニア臭がわずかに混じる）、積み上げた材料を広げて熱を逃がし、乾燥させる。この期間中も少しずつ有機物の分解は進み、アミノ酸などの有機のチッソがつくられ、微生物の数も増えていく。アミノ酸肥料の熟成段階である。あとは徐々に放冷・乾燥を進めて、微生物を休眠させればアミノ酸肥料の完成である。

(2) 具体的な手順

ここでは発酵型のアミノ酸肥料について紹介する。

●仕込み原料の調製

入手しやすい原料を使う

材料は、身近にある有機物を使う。そのほうがコストも安いし、原料品質の見定めもしやすい。海に近ければ魚のアラを入手し、近所の豆腐屋からオカラを入手するという具合にである。タンパク質を含んだ有機物で、発酵によってアミノ酸になるものなら原料は何でもよい。

C／N比六～一二、水分三五～五〇％に調製

材料が確保できたら全体のC／N比を調製する。堆肥づくり（101ページ）で紹介する私の「**堆肥設計ソフト**」を使うなどして、C／N比を六～一二、水分三五～五〇％を目安に調製する。このような材料でチッソ成分三～六％程度のアミノ酸肥料をつくることができる（表3—1）。

水分は堆肥づくりの目安である六〇％より少なめにする。原料のチッソ分が多いので、水分少なめで出発したほうが**腐敗**しにくく、安心である。とくにオカラのような腐りやすいものは、

表3－1　アミノ酸肥料の原料配合例

	配合割合 (%)	水分 (%)	原料の内容（乾物の%）			
			全炭素	チッソ	リン酸	カリ
米ヌカ	30	15	47.5	2.5	4.5	1.75
オカラ	40	75	50	4.5	1.10	1.25
ナタネ油かす	10	10	47.5	6.0	2.5	1.75
魚かす	20	10	47.5	8.5	9.0	−
	100	**37.5**	48.5	**4.85**	3.84	1.2
			C/N 比 10.0			

＊　この配合例であれば水分 35 ～ 50%，C/N 比 6 ～ 12 を満たしている

＊　できあがりはチッソ 5%程度の有機のチッソ肥料となる

＊　つくり方としては，一次発酵で米ヌカ，ナタネ油かすの全量とオカラを全体の配合割合で 30%を混ぜて発酵させ（水分 35%），品温が 55℃に上がってからチッソの多い魚かすと残りのオカラを混ぜて二次発酵を進めるとよい

水分を三五%程度にする。

また、水は二回くらいに分けて原料に加えると、水分ムラが出にくい。一度に加えて混合すると、材料がダマのように固まってしまうことがある。その部分だけ水分が高くなり、腐敗して、悪臭の原因になったりするので、注意したい。

一次発酵、二次発酵で原料を変える

原料は最初から全部堆積せず、C／N比の高い（チッソの少ない）、米ヌカとか糖みつといったデンプンなどの炭水化物が多いものを一次発酵の材料にする。この一次発酵の材料が発酵して品温が五五℃に上がってから、残りのC／N比の低い（チッソの多い）材料を加えて、二次発酵に移る。

最初のC／N比六～一二というのは、この二回に分けて仕込む原料全体の数値である。

確実に発酵を進めるために、一次発酵用の原料と二次発酵用の原料を分けて、一次発酵が順調に進んだ段階で二次発酵用の原料を加えるようにする。

最初から原料全体を仕込むベテラン農家も多いが、うまくいかない理由の多くが、この仕込みの失敗である。二回に分けて仕込み、二次発酵に移るときにチッソ含量の多い有機質を加えたほうが失敗は少ない。

有機質資材の品質に注意

有機質原料を一次発酵と二次発酵に分けて仕込むのは、品質の問題もある。材料によっては部分的に腐敗していたり、品質が劣化していることがあるが、そんな有機物でも（程度によるが）、一次発酵用、二次発酵用と分けて順番に仕込むことで、有用微生物を優占させることができ、良質のアミノ酸肥料をつくることができる。

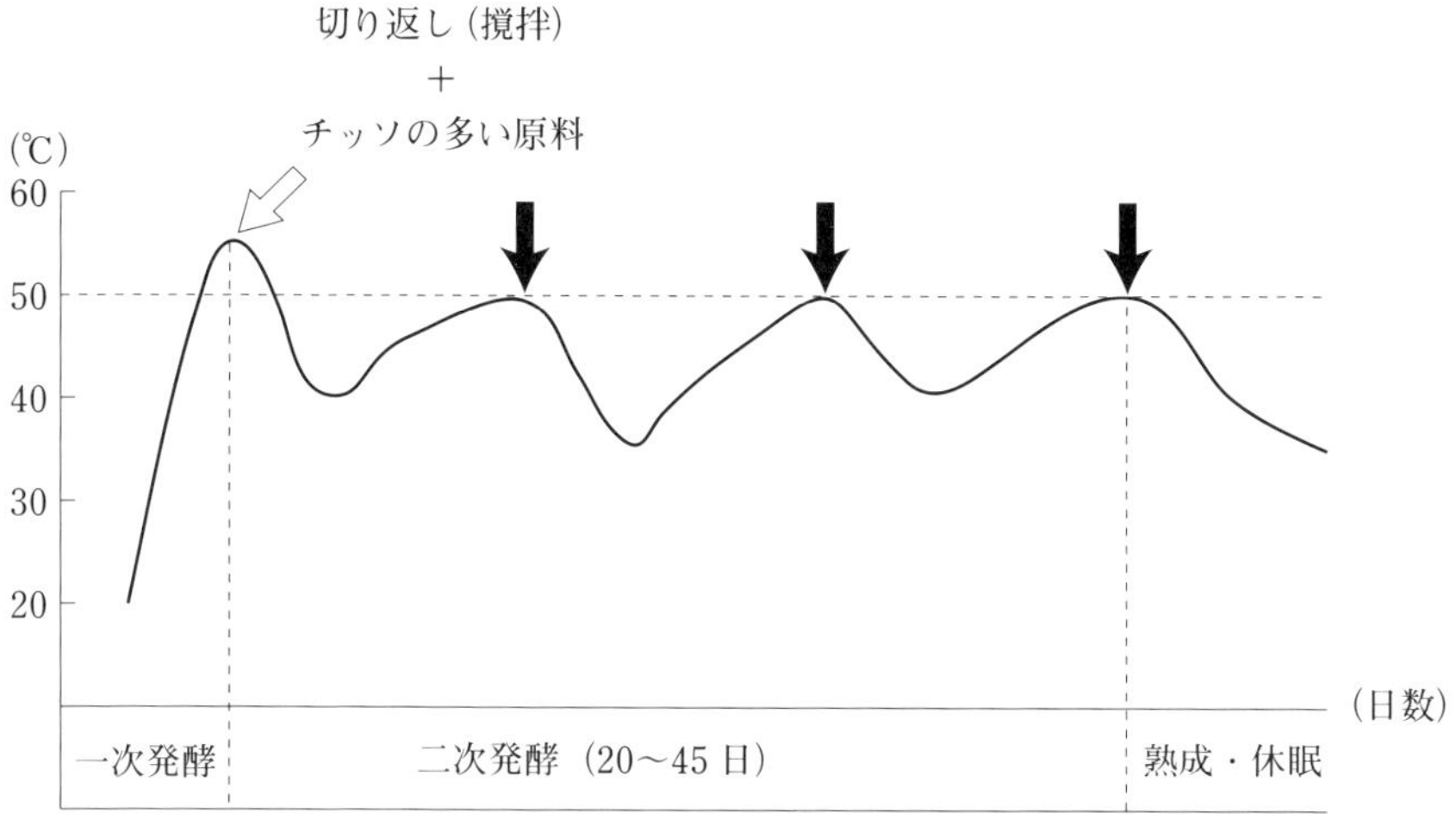

＊　↓は原料の切り返し（撹拌）をしたことを示す。時期・回数は条件によってそれぞれ異なる

＊　一次発酵の期間は原料・条件によって異なる。デンプンに比べてチッソの多い原料ほど短い。米ヌカやフスマなどが多いと7日，魚かすやオカラなどが多いと3日くらい。ただし季節や原料の粉砕程度にもよる

図3－4　発酵型アミノ酸肥料の品温の変化（例）

●温度管理

アミノ酸肥料の原料を仕込んでからの品温の推移を示したのが、図3―4である。

一次発酵は品温五五℃で撹拌するまで

一次発酵では原料を仕込むと、三〜七日程度で品温が上がってくる。だいたい五五℃を目安にして、これ以上にはしない。

二次発酵は品温五〇℃以下を維持

二次発酵での注意点は、その発酵温度である。

堆肥と違って、有機のチッソ肥料づくりでは、目標とするものはアミノ酸などの水溶性の有機態チッソである。このアミノ酸をタンパク質から効率よくつくることができる微生物が酵母菌である。この酵母菌が活躍しやすい温度は四五℃程度までで、ふつうの発酵菌の温度より低めである。そこで、二次発酵では**切り返し**の品温は五〇℃を

表3－2　二次発酵で主役となる微生物によって肥料の内容は変わってくる

二　次　発　酵			完成した肥料の内容*	
主役となる微生物	維持する品温	要する日数	チッソ	炭水化物
酵母菌	45℃くらい	30～45日（外気温に左右されやすい）	10	10
納豆菌	50～60℃	20～25日（外気温に左右されにくい）	8～10	4～8

＊「完成した肥料の内容」の欄の各数字は、酵母菌を主役として発酵を進めたときにできるアミノ酸肥料のチッソ，炭水化物の量を10としたときのおおよその数字。原料によって幅がある

目安にする。五〇℃を目安にすれば、積み込みの外側も含めた原料全体の温度を四五℃前後にでき、酵母菌は大いに活躍するというわけである。アミノ酸肥料づくりの最大のポイントである。

酵母菌は四五℃程度で長く発酵させたほうが、アミノ酸の生成量を多くできる。

五〇℃以上だと歩留まりが悪くなる

原料を仕込んでそのままにしておくと、容易に五〇℃を超えてしまう。温度が高くなると酵母菌の活動は弱まり、代わって納豆菌の仲間がどんどん増え、さらに温度が高くなってしまう。納豆菌もタンパク質を分解してアミノ酸にかえるが、あまりその歩留りはよくない。温度が高いということは、それだけ多くのエネルギーが消費されているということであり、その元はタンパク質中のチッソ分や炭水化物である。完成したアミノ酸肥料は当然その分が目減りしている。

また、六〇℃以上の高温にするとタンパク質が熱変成をおこし、有用微生物の一部は死滅したり、発酵・分解の過程でつくられた**酵素**などの活性が失われたりする。つまり、有機の発酵肥料としての機能が損なわれることになる。

酵母菌を主役にした発酵のよさ

表3—2はアミノ酸肥料をつくるときに、主役となる微生物が酵母菌か納豆菌かで、工程や肥料の内容にどのような違いがあるかを、比較したものである。

ご覧のように、酵母菌が主役の発酵をした場合の養分量を一〇とすると、納豆菌はチッソで〇～二割減、炭水化物で二～六割くらい減少する。

有機栽培のメリットは、チッソだけでなく炭水化物も一緒に植物に吸収させられることにある。その点から見ると、酵母菌を主役にした発酵のほうが、炭水化物の量が多い。チッソの歩留まりというだけでなく、着果(花)を安

定させたり、糖度を高めたりする炭水化物の効果も期待できる肥料がつくれる。

ただ、納豆菌は発酵熱を出すので、二次発酵の期間は、外気温にあまり影響されないという特徴をもっている。

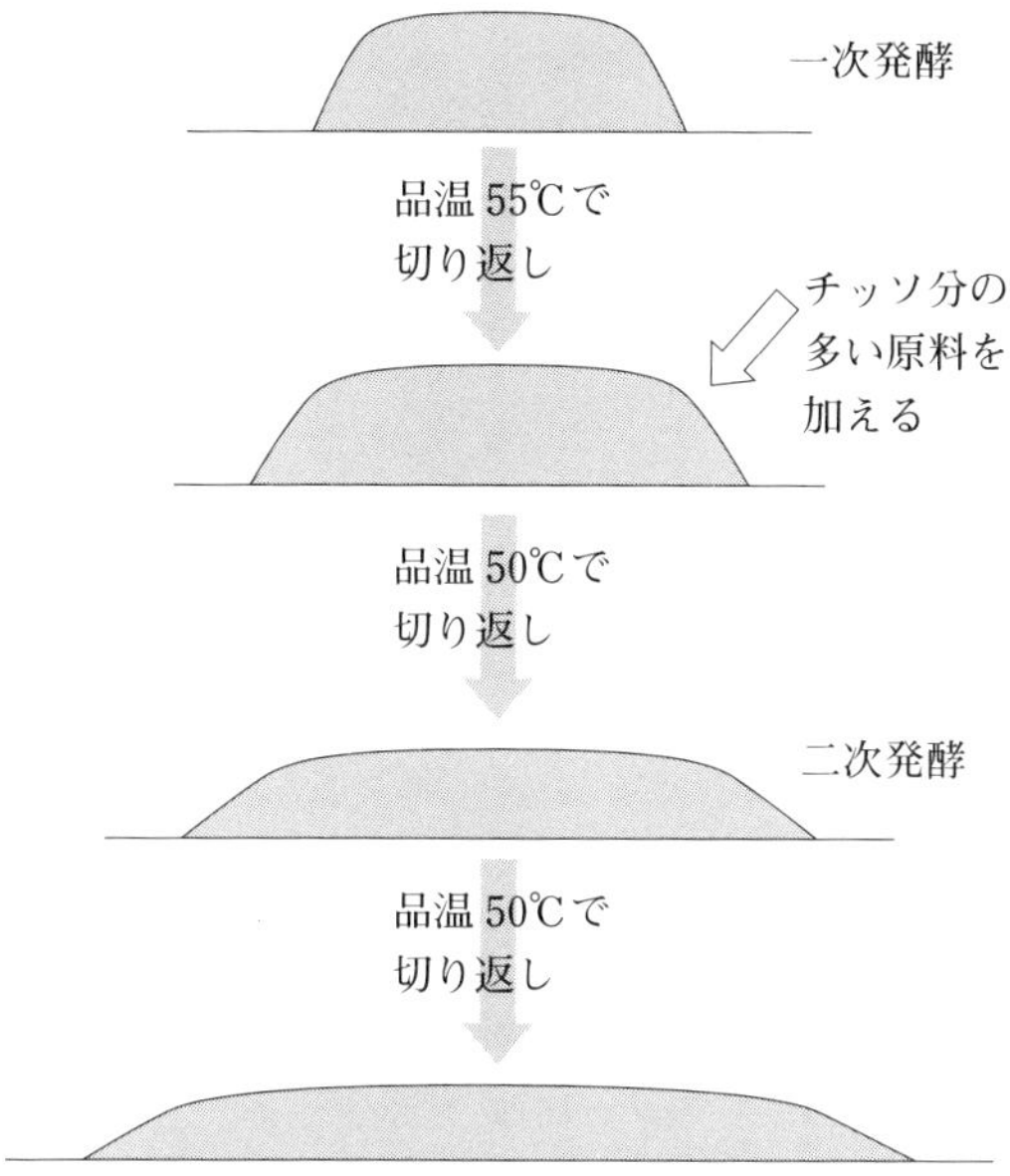

図3―5　アミノ酸肥料は切り返しごとに低く広げていく

●攪拌（切り返し）

品温を目安に実施

一次発酵のための有機物原料を堆積すると、三〜七日で品温が上昇して五五℃近くになる。一回目の攪拌はこの五五℃を目安に行なう。

一回目の攪拌のとき、チッソ分の多い有機物原料を混ぜて、ふたたび堆積する。ここから二次発酵の工程に入る。二次発酵の品温管理の目安は四五℃で、五〇℃になったら攪拌操作を始める。

徐々に堆積物を低く広げていく

このとき注意したいのは、攪拌するたびに堆積する山を低くして広げていくことである（図3―5）。とくに二次発酵の期間中は、どんどん微生物が増殖しており、攪拌後に同じ高さに堆積するとすぐに品温が五〇℃を超えてしまう。チッソの歩留まりが低下し、攪拌の手間も多くなる。

ただ、原料の品温は外気温の影響も受けるので、温度計を挿してしっかり把握しておく。外気温が低く、品温が上がりにくいという場合には、堆積する山の高さを変えないこともある。

管理機を使えば簡単

アミノ酸肥料は堆肥ほど大量にはつ

くらない。撹拌は、倉庫や納屋などに原料を堆積して、管理機をかけて行なえばよい。少量であれば、スコップでも十分である。

なお、撹拌のかわりに**エアレーション**を行なえば手間を減らせるし、万遍なく発酵を進めることもできる。空気を送るパイプの配管や空気量の調整については堆肥の項目（103ページ）を参照してほしい。

●仕上がりの判断

カビが見えた状態は熟成不足

ボカシ肥などの発酵肥料をつくるときに、原料のあちこちにカビが見られるようになった状態をできあがりと判断している人が多いが、それは間違いである（22ページ）。

有機物を堆積すると、はじめに繁殖してくるのがカビなど糸状菌の仲間である。これが糖などの炭水化物をつくり、アミノ酸やセンイ類を分解する有用微生物のエサを用意する。しかし、カビがあちこちに見られる状態は、まだアミノ酸などの有機態チッソは十分でないし、未熟な有機物がたくさん残っている。この状態で圃場に施用してしまうと、**チッソ飢餓**を招いて初期生育を抑えたり、土壌病害虫を招いたりしかねない。

色、粘り気を見る

では、アミノ酸肥料の仕上がりはどのように判断すればよいだろうか。

まず色の変化を見る。原料は発酵が進むにつれてだんだん濃い色合いになってくる。薄茶色だったものは茶色や黒っぽい色になる。

そして、原料の粘り気がとれてサラサラした感じになってくる。原料が発酵・分解し、より小さな構造の分子になっている証拠である。水を加えても粘り気は戻らず、サラサラした感じは持続する。このような状態になれば、発酵・分解が進んだと判断できる。

匂いで最終判断

さらに、匂いで判断する。二次発酵に入ってから、何回かの撹拌をしながら発酵を進めていくと、みそやしょう油のような匂い、あるいは香ばしい匂いがしてくる。このような匂いがしてきたら、アミノ酸がつくられてきていると見てよい（図3—6）。

みそ・しょう油にわずかのアンモニア臭

ここで発酵を止めないで、もう少し進めていくと、みそ・しょう油の匂いに、かすかにアンモニア臭が混じるようになる。この段階がアミノ酸がどんどんできて、その一部がアンモニアに変わり始めたという状態。肥料中のアミノ酸の含有量がもっとも多い時期に当たる。このタイミングで熟成・乾燥に入って、微生物の活動をゆっくりと低下させ、発酵を止めるようにする。

これからさらに、アンモニア臭を強く

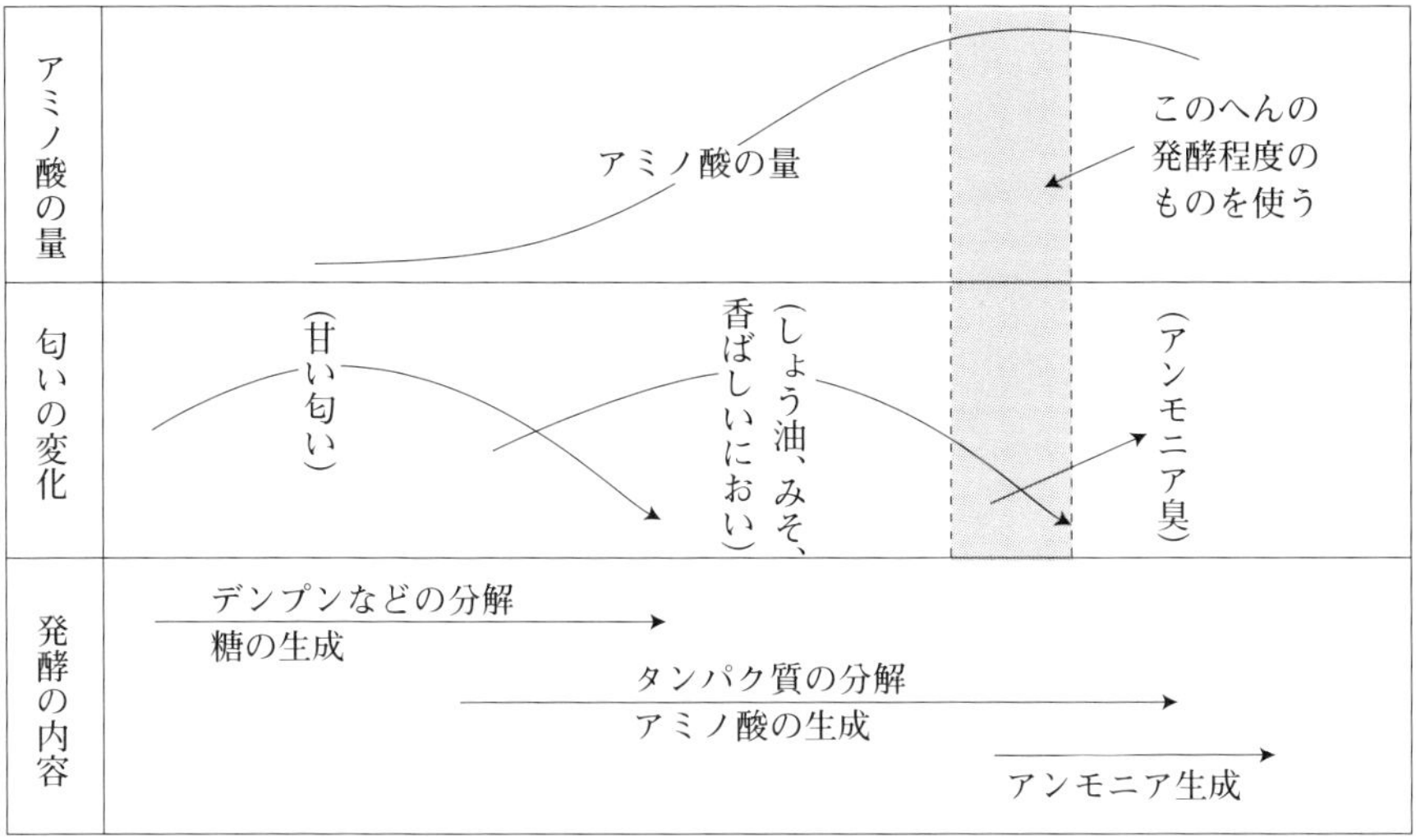

＊　アミノ酸の量がもっとも多くなる頃にアンモニア臭がし始める。このタイミングで発酵を止め，仕上げる

図3－6　アミノ酸肥料の発酵の進み方（イメージ図）

感じるほど発酵を進めてはいけない。

●熟成・乾燥

仕上がったら、堆積していた発酵材料をさらに広げて熱を逃がし、乾燥させる。放冷・乾燥によって、微生物の活動を止めて、休眠状態にもっていく。これで水溶性のアミノ酸と有用微生物のかたまりのようなアミノ酸肥料ができあがる。圃場にすぐ施用してもいいし、紙袋やコンテナなどに入れて保存することもできる。

農家の中には、仕上がったアミノ酸肥料を放冷・乾燥させたまま倉庫などに置いて、必要に応じて持ち出すという人が多い。

ただし、そのまま放置しておくと微生物の菌糸が蔓延して固まってしまい、ほぐすのに手間がかかることがある。仕上がって一ヵ月くらいの間に使えば問題ないので、施用時期から逆算してアミノ酸肥料づくりを始めるとよい。

また、あまり長い期間放置すると、少しずつ発酵が進み、チッソ分がアンモニアとして揮散してしまう。アミノ酸肥料としての効果が落ちるので、三～四ヵ月もそのままにしておくようなことはしない。

3. アミノ酸肥料の選び方・使い方

本書で使っている「アミノ酸肥料」という用語は、一般の肥料店では使われていない。アミノ酸というと、葉面散布剤などに使われている場合が多いので、間違えないように注意する。

市販の肥料では、「○○発酵肥料」「△△ぼかし肥料」といった商品名で出ている。これらから適当なものを選んで使う。できればアミノ酸まで分解の進んだものがほしいが、すべてがそうとは限らない。選び方を知っておく必要がある。

(1) 選び方のポイント

●香ばしい匂いがするか？

選ぶ基本は、先に紹介したアミノ酸肥料づくりの仕上がりの判断を参考にする。

原料の色は製品段階ではたいがいわからないので、まずは匂いで判断する。基本は、みそやしょう油の匂いにわずかにアンモニア臭が混ざっているものがよい。また、魚系が原料のものなら、だし汁やカツオ節に似た匂い、焼酎の絞りかすなどが原料なら香ばしい匂いがする。

甘い感じの匂いがするものは、まだアミノ酸が十分つくられていない可能性がある。そこで、後述する熱湯を注いだ状態を見て判断する。

なお発酵がまだ十分ではない、つまり水溶性のチッソ分が少ないと思われたものは良質堆肥と一緒に施用して、二～三週間ほど圃場で発酵・分解させてから作付けする。

●ボロボロに分解しているか？

昨今の有機農業ブームの中で、いろいろな資材が出回っている。中でも、とくに注意したいのは、羽毛や蹄角《ていかく》といった非常に分解しにくい有機物を原料にしているものである。

このようなものが原料に使われている有機肥料の場合、まず分解しづらい羽毛、蹄角も、指で簡単につぶれるくらいになっているかどうかをよく見きわめる。なかなか形が崩れないようであれば、十分分解が進んでいない証拠である。ほかの分解しやすい有機物だけが発酵・分解して、難分解性のそうした羽毛や蹄角だけが未熟ということもある。注意が必要だ。

●熱湯を注いで様子を観察

私がよく行なうのは、市販の発酵肥料を耐熱性のコップに入れて、そこに熱湯を注ぐという方法である。

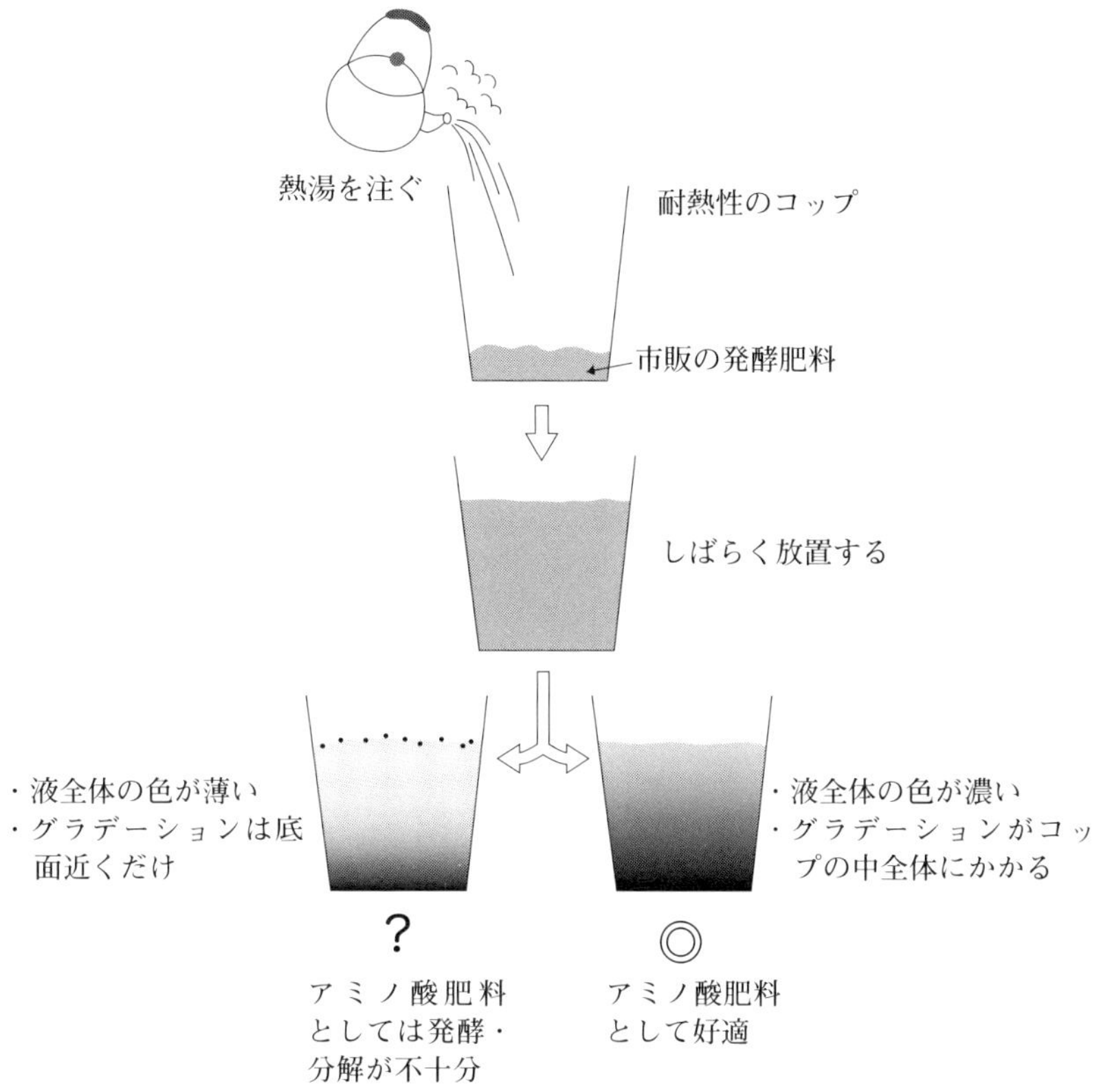
熱湯を注ぐ
耐熱性のコップ
市販の発酵肥料
しばらく放置する
・液全体の色が薄い
・グラデーションは底面近くだけ
・液全体の色が濃い
・グラデーションがコップの中全体にかかる
?
◎
アミノ酸肥料としては発酵・分解が不十分
アミノ酸肥料として好適

＊　この方法は堆肥の場合でも有効

図3−7　熱湯を注いでアミノ酸肥料のよしあしを判定する

熱湯を注いでしばらく放置して、コップの中がどのようになっているかを観察する(図3―7)。

全体が茶色っぽくなり、底の部分から水面にかけて濃い色がだんだん薄くなっていくような肥料が、有機栽培向きのアミノ酸肥料である。色が茶色っぽくグラデーション(濃淡)がかかるのは、比重の違うさまざまな物質が熱湯によって溶け出しているからである。肥料中に水に溶ける有機物が多様に含まれているということであり、それが植物に吸収されやすい物質にまで分解されていることを示している。その中心がアミノ酸ということである。

(2) 使い方のポイント

●炭水化物をもったチッソ肥料

アミノ酸肥料はチッソ肥料だが、硫安や塩安、リン安、一般の化成肥料など決定的に違うのが、炭水化物を作物に供給する能力である。アミノ酸肥料を使うときは、チッソだけでなく、この炭水化物部分も考慮することが大切だ。

炭水化物部分として私は、有機一〇〇％の肥料の場合、成分で表示されているチッソ—リン酸—カリの数値を足して、一〇〇から引いた値で考える。三要素が四—四—二だったら炭水化物の量は九〇、ということである。

●炭水化物量を考えて施肥を決める

いま仮に、三要素成分が「三—五—二」のA肥料と、「六—四—二」のB肥料があったとする。もちろんどちらも有機一〇〇％のアミノ酸肥料だ。先ほどの計算でいくと、それぞれの炭水化物量は、九〇と八八になる。アミノ酸肥料の場合、有機物でつくるので、三要素は化成肥料に比べると小さく、炭水化物部分はほとんどが八〇以上になる。A肥料もB肥料もそうで、その限りで二つは大して違いはないように思われる。

ところが、実際は違う。A肥料もB肥料も炭水化物はほぼ同じだが、チッソ成分はAがBの半分であるため、実際の炭水化物の施用量が大きく異なってしまうことがあるからだ。

たとえば一〇a当たり六kgのチッソを施用する場合、A肥料だと二〇〇kgの施用量、B肥料は一〇〇kgとなる。しかし炭水化物の量は、A肥料は一八〇kgなのに対して、B肥料は八八kgとなり、半分以下である。同量のチッソを施した場合、炭水化物量に二倍近くの差が出ることになる。

作物の生長を支えている養分は、チッソと炭水化物であり、有機栽培では後者を重視する。その炭水化物の量をコントロールする施肥を行なうのが、有機栽培なのである。それからいえば、この違いは大きい（図3—8）。

●栄養生長と生殖生長で使い分ける

具体的にどうするかだが、A肥料はチッソに比べて炭水化物が多い（C／N比が大きい）ので、作物が炭水化物を多く必要とする場面、たとえば花や実をつける、果実の収量や糖度を上げる、といった生殖生長の場面で効果を発揮できる。

一方のB肥料はチッソに比べて炭水化物が少ない（C／N比が小さい）から、初期の生育を確保したい場面、枝葉を伸ばしたり、葉物の収量を上げたいといった栄養生長の場面で効果が期待できる。

前者を生殖生長型の肥料とすれば、後者は栄養生長型の肥料といえる。

アミノ酸肥料はそのチッソ成分だけでなく、炭水化物の量とバランスを考えて使うことが重要である（表3—3）。

アミノ酸肥料＼項目	チッソ	炭水化物	C/N比	10a当たりチッソ6kgを施す場合		生育のタイプ
				施用量	炭水化物量	
A肥料（有機100％）3―5―2	3％	90％	大	200kg	**180kg**	生殖生長向き
B肥料（有機100％）6―4―2	6％	88％	小	100kg	**88kg**	栄養生長向き

図3－8　アミノ酸肥料の見方の例　〜チッソ3％と6％で何が違ってくるか〜

表3－3　アミノ酸肥料の内容と使い方

肥料＼内容	チッソ	炭水化物	C/N比	生長のタイプ
チッソが少ない肥料	少	多	大	生殖生長を促す
チッソが多い肥料	多	少	小	栄養生長を促す

＊　肥料は有機100％のもので，アミノ酸肥料として十分つくり込まれたものが対象

●アミノ酸肥料の肥効

発酵型はふた山型

　アミノ酸肥料の肥効（葉色の上がり方から見た肥効）はふた山型になる。最初の山が水溶性のアミノ酸などの肥効、そして次が施肥後に分解した部分の肥効である。土壌水分や地温にもよるが、葉色に肥効が現われるのは、追肥後三〜五日以内で、「有機」というイメージからするとかなり早い。つまり、水溶性のアミノ酸が生じるくらい発酵を進めていれば、葉色が上がり始める時期は化成栽培と遜色ない。ただし、色合いは化成のほうが濃く、有機のほうが薄い。

抽出型はひと山型

　アミノ酸肥料でも抽出型のものは、化成肥料に近い肥効の形をとる。魚汁のアミノ酸液を造粒したようなものの中には、水分さえあれば速効的に効くものもある。葉色の色合いは、化成肥

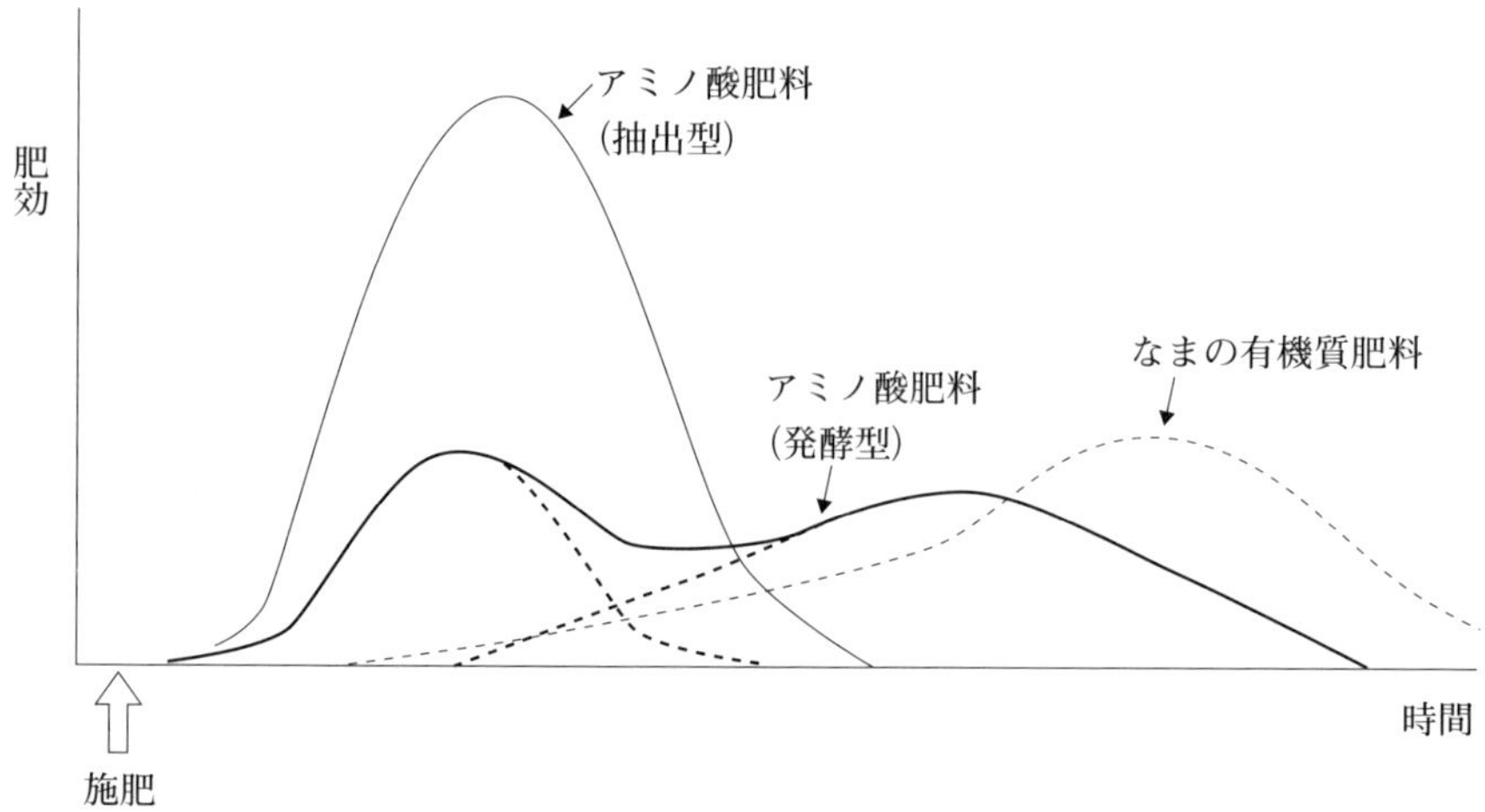

＊　土の水分や地温などによって肥効曲線の山の高さや裾野の広がりは変わる
＊　アミノ酸肥料（発酵型）の１つめの肥効の山は水溶性のチッソのもの
　２つめの山は施肥後に分解したチッソの肥効。水溶性部分が多いほどひと山めが高くなり，ふた山めが低く裾野が狭くなる

図３−９　有機のチッソ肥料の効き方（イメージ図）

料と発酵型のアミノ酸肥料との中間といったところになる。

なまの有機はなだらか高原型

なまの有機質肥料ではこうはならない。最初の肥効の山がないうえに、次の肥効の山もうしろにずれる。発酵肥料でもつくり込みが十分でないものは、これに近くなる。最初の山が小さく、二番めの山がずれて遅くまで効く肥効のパターンだ（図３—９）。

このようなパターンが、生育初期には肥料が効かず、中期以降に効いてきて生育を乱す、という有機の欠点といわれてきた。しかし、水溶性の有機態チッソが十分できるまでに発酵させれば、こうした欠点は克服できる（表３—４）。

葉色が上がる前に根が伸びる

肥効を見るときは前述のように、葉色の上がり具合で判断する。施肥後しばらくすると葉色が濃くなって、肥料

表3－4　有機肥料の特徴

肥料の種類＼特徴		含まれるアミノ酸の量	肥効の出方		病害虫に対する抵抗力
			葉　色	根の伸び	
アミノ酸肥料	発酵型	10～20% (15)	3～5日以内	施肥後2～4日くらい	抵抗力ある
アミノ酸肥料	抽出型	10～60% (表示どおり)	1～3日以内	施肥後1～3日くらい	圃場による (被害大か効果大)
有機質肥料 (なま)		なし	初期の肥効は期待できない (地温，水分による)		圃場による (効果はまずない)

が効いてきたと判断できる。

有機栽培では、吸収したチッソはアミノ酸のため、吸収してすぐにタンパク質に合成されて、新根を伸ばし始める。化成の場合より葉色の上がりが少しズレるのはこのためで、イネなどでは有機の肥効を新根の伸長として確認することができる。

このタンパク質への組み替えの速さは、根だけでなく地上部でも見られる。有機栽培では葉色が上がると、すぐに新葉が伸び出すことがよく話題になる。これも、アミノ酸からのタンパク質合成の速さがもたらしている現象である。

つまり、アミノ酸肥料では葉色の上がりは化成栽培と遜色ないと先に述べたが、実は、その前に根を伸ばしていたのである。先に根が伸びているので、葉色が上がるとすぐに新葉が伸び出す。葉色が上がって、しばらくしてから新葉が伸び出す化成栽培の生育に慣れた目からは、有機栽培での生育のテンポの速さに驚かされることになる。

(3) 施肥の実際

●施用量の決め方

アミノ酸肥料の施用量は、基本的には、化成栽培と同様と考えてよい。化成肥料とアミノ酸肥料の違いは炭水化物をもっているかどうかで、必要とされる作物体内のチッソ量は変わらないからである。元肥にチッソ量五kg必要とあれば、アミノ酸肥料でもチッソ成分で五kg施用する。

ただし、化成肥料と同じチッソ量といっても、同じ収量水準の場合の話である。アミノ酸肥料ベースの有機栽培だと炭水化物が吸収される。作物は手もちの炭水化物の量が増えるので、収

写真3－2　十分発酵したアミノ酸肥料を使えば初期の生育を揃えることができる（写真はハクサイ）
（写真提供　農事生産組合野菜村）

量・品質水準が高まる。ということは、それに見合ったチッソ量も必要ということである。基本的には、「二割増収なら肥料も二割＋α増量」程度と考えればよい。

中には、トマトやキュウリといった連続して収穫する果菜タイプのように、施肥（追肥）が生育に追いつかない場合もある。その増施分については、作物の姿や、土壌分析、収量を参考にしながらつかんでいく。

●作物の生長のC／N比変化

アミノ酸肥料を使うときのもう一つのポイントは、チッソと炭水化物のバランスを見ていくことである。

作物はいつも同じだけのチッソと炭水化物を必要としているわけではない。

生育前半は細胞をつくって、体（葉面積）を大きくするために多くのチッソを必要とする。大きくした葉で光合成を行なって炭水化物をたくわえ、後半で花を咲かせ、実をつけ、タネを残す。大雑把にいえば、植物はチッソ（N）で体をつくり、その体で炭水化物（C）をつくって生長している。C／N比でいえば、その小さい値からだんだん大きな値になっていく過程ととらえられる。アミノ酸肥料の種類と量も、この作物の生長のC／N比変化に見合うように選ぶことが基本である（図3―10）。

●C／N比の小さい肥料から大きい肥料へ

同じ作物でいえば、生育の前半は体（細胞）づくりに適したチッソ分の多い（C／N比の小さい）アミノ酸肥料が適している。生育の後半は、子孫づくりに適した炭水化物の多い（C／N比の大きい）アミノ酸肥料が適している。

ただし、子孫を残すまでいかないうちに収穫する葉菜類は、細胞づくりに適したC／N比の小さな肥料（施肥法）がよいし、果菜類は実（炭水化物）づくりに適したC／N比の大きな肥料（施肥法）がよい。タネをしっかり充実させる果樹などは、さらにC／N比の大きい肥料が適する。

その年の天候や作型でも施肥は変わ

ってくるが、以上のことは有機栽培の施肥の基本である。

●堆肥と組み合わせて肥効をアップ

アミノ酸肥料には、堆肥がもっている土壌団粒をつくったり土壌病害虫を抑えたりする効果は期待できない。そこで私は、アミノ酸肥料を堆肥と組み合わせて施用することを勧めている。堆肥と組み合わせることで、アミノ酸肥料のチッソの肥効は長続きし、炭水化物肥料としての効果も高まる。天候が不順の年でも生育を安定させ、果実肥大や糖度向上もより実現しやすくなる（写真3―3）。

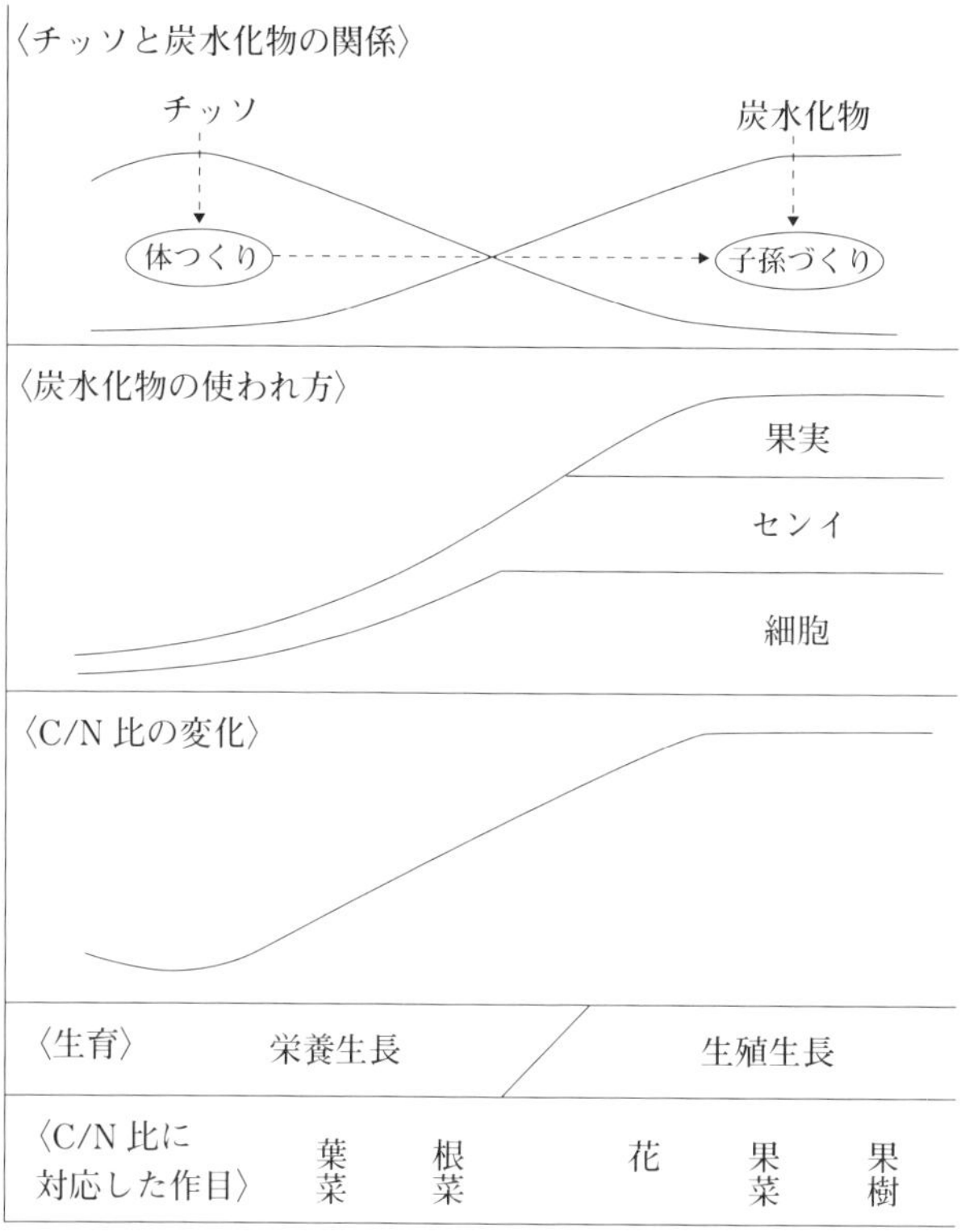

図3−10　作物の育ちとチッソ・炭水化物

写真3－3　魚かすを酵母菌で発酵させたアミノ酸肥料を使用したインゲン

堆肥の効果も加わって，ふつうの3倍のサヤがついた

（写真提供　BM技術協会）

●堆肥の土壌病害抑制力を高める

アミノ酸肥料に含まれる未分解の有機物は、納豆菌や放線菌にガードされているが、土壌病害虫のエサになるものもある。しかし、良質堆肥と組み合わせればエサとなることもなく、逆に土壌病害虫を駆逐することができる。とくに抽出型のアミノ酸肥料の場合、62ページで述べたように、単独で施すと土壌病害虫のエサになりやすいが、有用微生物の豊富な良質堆肥を一緒に施用すれば防ぐことができる。

この組み合わせ効果は、土壌病害虫に悩まされてきた化成栽培の圃場などで大きく、年々病虫害を減らしていくことができる。また、**養生処理**（125ページ）によって有用微生物を耕地全体に広げることができれば、その作から効果が現われる。冬の作付けでも、二〜三作目くらいから効果が現われる。

こうした効果は、アミノ酸肥料と堆肥（中熟堆肥）の両方の働きが相乗的に現われた結果といえる。

アミノ酸肥料と堆肥を施用して耕耘すると、広げられた堆肥の中にアミノ酸肥料が点のように散らばる。堆肥中の放線菌や納豆菌がこのアミノ酸を、細胞づくりの材料や活動のエネルギーとして取り込み、増殖していく。このようにして有用微生物が勢力圏を拡大する中で土壌病害虫も抑え込まれていく。

つまり、堆肥中の有用微生物の増殖に、あたかもそれが作物の栄養になるのと同じようにアミノ酸肥料が手を貸して、本来堆肥がもっている土壌病害虫の抑制効果をさらに高めるというわけである。

4．酢の活用

アミノ酸肥料は作物の細胞をしっかりつくるために利用される。しかし、降雨や日照不足が続くと地温上昇にともなってチッソの肥効が強く出て、チッソ優先の生育になってしまうことがある。このような生育を抑え、炭水化物優先の生育に切り替えたいときは、酢を活用するとよい。酢はアミノ酸肥料ではないが共通する部分もあるので、ここで簡単に紹介しておく。

（1）有機資材としての酢

●曇雨天時にほしい炭水化物補給

有機栽培でチッソ肥料として施すアミノ酸肥料は、チッソ（N）に炭水化物

（CHO）がくっついている。したがって、チッソだけが優先して効くことはふつうはない。しかし、曇雨天時は、光合成による炭水化物生産が少なくなるため、チッソ優先の生育になりやすい。かといって、アミノ酸肥料を増施すればチッソもついてくるので、バランスがとれない。

曇雨天時には、チッソではなく炭水化物がほしいが、アミノ酸肥料であってもチッソ成分がついてきてしまう。

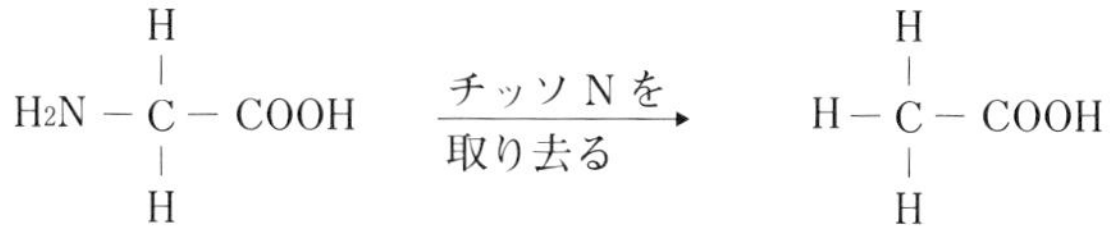

グリシン
（アミノ酸）

酢酸
（酢）

図3―11　酢はアミノ酸からチッソを取り去った形をしている

●的確な生育転換を促す

こうしたときに、アミノ酸肥料（有機のチッソ、CHON）からチッソ（N）が外れた形の「酢」が使える。酢（酢酸の分子はCH_3COOH、簡単に$C_2H_4O_2$と書ける）は分子も小さく、速やかに吸収されて、作物の体内で炭水化物と似た働きをする。酢は、炭水化物（CHO）だけの資材ともいえる（図3―11）。

炭水化物部分だけをもった酢（チッソNがゼロなのでC／N比は見かけ上、無限大）を作物に吸収させることで、作物の体内でチッソ（N）はそのままで炭水化物（C）が多くなる。酢の吸収でC／N比が大きくなるために作物は栄養生長を止め、その間に酢の炭水化物部分を使ってセンイを増強できる。作物が生殖生長へ向かっているときなら、炭水化物が増強された恰好になり、花芽の形成や果実の肥大、糖の蓄積などがスムーズに安定して行なわれるのである。

たとえば、エダマメやトマトといった作物が、曇雨天のために花のつきが悪くなりそうだったり、病害虫が発生しそうなときは、酢を葉面散布するか、かん水に混ぜることで、炭水化物優先の引き締まった生育へ戻し、スムーズに生殖生長へ切り替えさせることができる。

●ミネラル吸収も促進

さらに酢やクエン酸は**ミネラル**（アルカリ）と化合して、それを水に溶ける形の**キレート**にすることもできる。そこで、光合成が低下して分泌が少なくなった根酸を補って、作物にミネラル吸収を促すこともできる。

葉面散布やかん水の際、酢に石灰や苦土を溶かし込めば、炭水化物と同時にミネラルも供給できる。分子が小さいので、そのミネラルを根から遠い生長点まで運ぶのも酢の得意とするところだ。石灰は表皮を硬くして、病害虫に侵されにくい作物体に、苦土は光合成の低下を補う働きがある。

●硝酸態チッソが減る

また酢を散布することで、植物体内の硝酸態チッソのアミノ酸への同化が進む。その結果、人体に有害とされる硝酸態チッソを減らすことにつながる。

(2) 効果の高い石灰・苦土混用散布

酢やクエン酸を施用する場合、石灰や苦土を溶かし込んで酢酸カルシウムや酢酸マグネシウムの形で施用したほうが、より効果が高い。米酢の中に卵殻や苦土肥料を入れて溶かし、pHが五くらいに上昇した時点で、一〇〇〇倍以上に薄めて葉面散布する（pHを高くしすぎると結晶として沈殿することがある）。酢酸の代わりにクエン酸を使う場合は、五〇〇〜一〇〇〇倍で散布する。

酢を単独で使うなら、市販の米酢を二〇〇〜五〇〇倍液で葉面散布するか、10a当たり三〜五kgのクエン酸を五〇〜一〇〇倍液にしてかん水パイプから流す。

ハウスで気温が高いときにチッソ優先の生育にならないよう、日頃からかん水に酢を添加している有機栽培農家もある。

なお、酢の施用は生育転換を促すので、作物によっては使ってはいけない場合もある。

コマツナなどの葉物は栄養生長期間中に収穫するが、収穫間近に酢を散布しすぎると、葉づくりの栄養生長から、花―タネづくりの生殖生長に転換して抽台を促してしまう。抽台しないまでもセンイが強くなり、スジっぽい、おいしくない葉物になるので、注意する。

5. 市販の有機質肥料をいかす

最後に、市販の有機質肥料を使って有機栽培に踏み出す場合の方法を紹介しておきたい。

(1) 有機配合肥料を発酵させて使う

●市販微生物資材を活用

有機栽培に踏み出すときにお勧めなのが、各地で効果が確かめられている微生物資材をタネ菌にして、有機配合を発酵させる方法である。

表3―5は私や仲間の農家が実際に使って、その効果を確かめた微生物資材の一覧である。もちろんこれ以外にもさまざまあるが、このような微生物資材を使って身近な有機質肥料を発酵させる。不慣れな段階で、自然の微生物を頼りに発酵を進めても失敗することが多いし、効果も安定しない。このような微生物資材は、有機栽培を成功させようと思ったら、絶対に使ったほうがよい。

●良質堆肥を少し混ぜるとさらによい

微生物資材をタネ菌にして、有機配合肥料を水分四〇～五〇％で堆積し発酵を促す。このときに良質堆肥を全体量の一〇％ほど混ぜておくとさらによい。良質堆肥がなければ、タネ菌を米ヌカなどで拡大培養し、それを全体量の一〇％ほど混ぜる。

このようにして、あとは切り返しをしながら三週間ほど発酵させると（温度管理などはアミノ酸肥料づくりと同じ）、有機質肥料をエサに、微生物資材の微生物が増殖した発酵型肥料ができあがる。有用微生物を拡大培養した形の発酵型の有機チッソ肥料である。もちろんなまの有機ではないから、作物の初期生育を邪魔することはないし、厄介な微生物が取りついて増殖することもない。これを施用することで、圃場を少しずつ「有機栽培の土」に変えていくことができる（図3―12）。

(2) 良質堆肥にくるんでもよい

良質堆肥が入手できれば、もっと簡単に発酵型の有機肥料がつくれる。その堆肥で、有機質肥料をくるんでしまうのである。混合して堆積しておくことで、有機配合肥料を厄介な病害微生物から守りながら発酵肥料化できる。

堆肥と有機配合肥料の割合は、堆肥一～二に対して配合肥料が九～八。水

都道府県	企業名	商品名・特徴
静岡	豊田有機(株)	光合成細菌，トリコデルマ菌，放線菌の資材
	富士バイオグリーン(有)	芝生用微生物資材。トリコデルマ菌，バチルス菌ほか
	(有)バイオ・リサーチ	酵母，バチルス，光合成細菌を使用した農業用微生物資材
	川口肥料(株)	VA菌根菌，非病原性放線菌などの資材
	富士見工業(株)	VA菌根菌入り発酵肥料
愛知	(株)ミズホ	好気性発酵菌を有機質分解酵素とともに使用
	(株)ビオック	種麹，酵母菌，乳酸菌の製造，販売 農業，園芸肥料，土壌改良材の製造，販売 その他微生物を利用した製品の製造，販売
大阪	(株)ジャット	光合成細菌(硫化水素処理用)，発酵資材
	(株)バイコム	VA菌根菌
滋賀	島本微生物工業(株)	トウゲン1号。有効微生物資材
兵庫	岡部産業(株)	清酒・味噌の醸造に使用する有用微生物(麹・酵母) 菌の分泌物に有用成分多い
	(株)アースフィール	細菌，放線菌，酵母を配合した有機肥料
広島	有限会社バクテリアン科学研究所	光合成細菌，放線菌の資材
山口	三田尻化学工業(株)	光合成細菌の資材
福岡	中村産業開発(株)	セルロース分解菌，放線菌，光合成細菌主体の複合菌資材
宮崎	南那珂森林組合	酵母，放線菌，糸状菌，細菌13属からなる複合菌資材
熊本	(株)廣商	ラクトヒロックス
	(株)ミリュー研究所	永久凍土より分離されたB.S.T菌を用いた肥料販売
	(有)東京グリーン	光合成細菌，クロレラ菌，放線菌，細菌，糸状菌を用いた肥料販売
長崎	(有)エイビーエス	アゾトバクター，根粒菌，硝化菌，硫黄細菌，光合成細菌，繊維分解菌，酵母，高熱菌，放線菌等250種の好気性菌
沖縄	(株)バイオメイク	アガリエ菌

＊連絡先などについては
(株) ジャパンバイオファーム（長野県伊那市美篶1112，http://www.japanbiofarm.com/）
までお問い合わせください

表3－5 市販有用微生物一覧

都道府県	企業名	商品名・特徴
北海道	(株)北海道グリーン興産	糸状菌トリコデルマ・ハルジアナム属の厚膜胞子を分離・培養により製剤化
	(株)ファームテックジャパン	ソイル・メイト。土壌改良有用微生物とそれを活性化する酵素
	(株)北辰	アバンド-L。酵母3種，光合成細菌，バチルス菌がバランスよく配合された家畜専門資材
	(株)ロム	エコ・グリーン。酵母，バチルス，光合成細菌が8億以上/g
岩手	(有)花巻酵素	ライズ。貝化石に乳酸菌，酵母，糸状菌，放線菌を高密度培養，活性炭入り
秋田	(株)秋田今野商店	醸造食品用　種麹，酵母，乳酸菌，紅麹　製造 農業用拮抗微生物　トリコデルマ，アスペルギルス　製造 醸造食品の改良・開発 各種酵素活性分析 微生物検査，分離，同定，スクリーニング，菌株分譲
青森	(株)五光	スーパーゲルマ酵素。数種の酵母を用いた発酵肥料
東京	片倉チッカリン(株)	バチルス，セルロース分解菌，メタリジウム菌などを利用した微生物資材
	サングリーン(株)	VA菌根菌，シュードモナス菌の資材
	日本ライフ(株)	アーゼロン菌。多種多様な90種類以上の微生物
	出光興産(株)	微生物防除資材の大手。ボトキラー水和剤などバチルス製剤。根粒菌資材
	(株)ヘルスアンドライフ	ミミズふん由来の放線菌など善玉菌資材
	ニチモウ(株)	土壌改良資材「コフナ」
	(有)アスカ	枯草菌，嫌気性菌。ゼオライトと混合
	(株)バイオリサール研究所	NA菌，乳酸菌を混合
	日本肥糧(株)	ピートモス，泥炭にトリコデルマを混合
	ブイエス科工(株)	放線菌，バチルス，アスペルギルスなど混合資材ほか。バーミキュライトと混合
埼玉	土と食の会	有効微生物群を含んだ農業資材
	リサール酵産(株)	乳酸菌・酵母など嫌気性菌主体の複合菌資材。ゼオライトと混合
栃木	(株)加藤工業所	放線菌，バチルス，トリコデルマ，アスペルギルスを配合した資材
	高崎化成(株)	バチルス，放線菌。サンゴ化石，炭と混合
新潟	(株)バイオテックジャパン	食品用乳酸菌・酵母。植物性乳酸菌2000種保有
長野	(株)松本微生物研究所	オーレス菌群(細菌，放線菌，有用糸状菌)，VA菌根菌などの資材

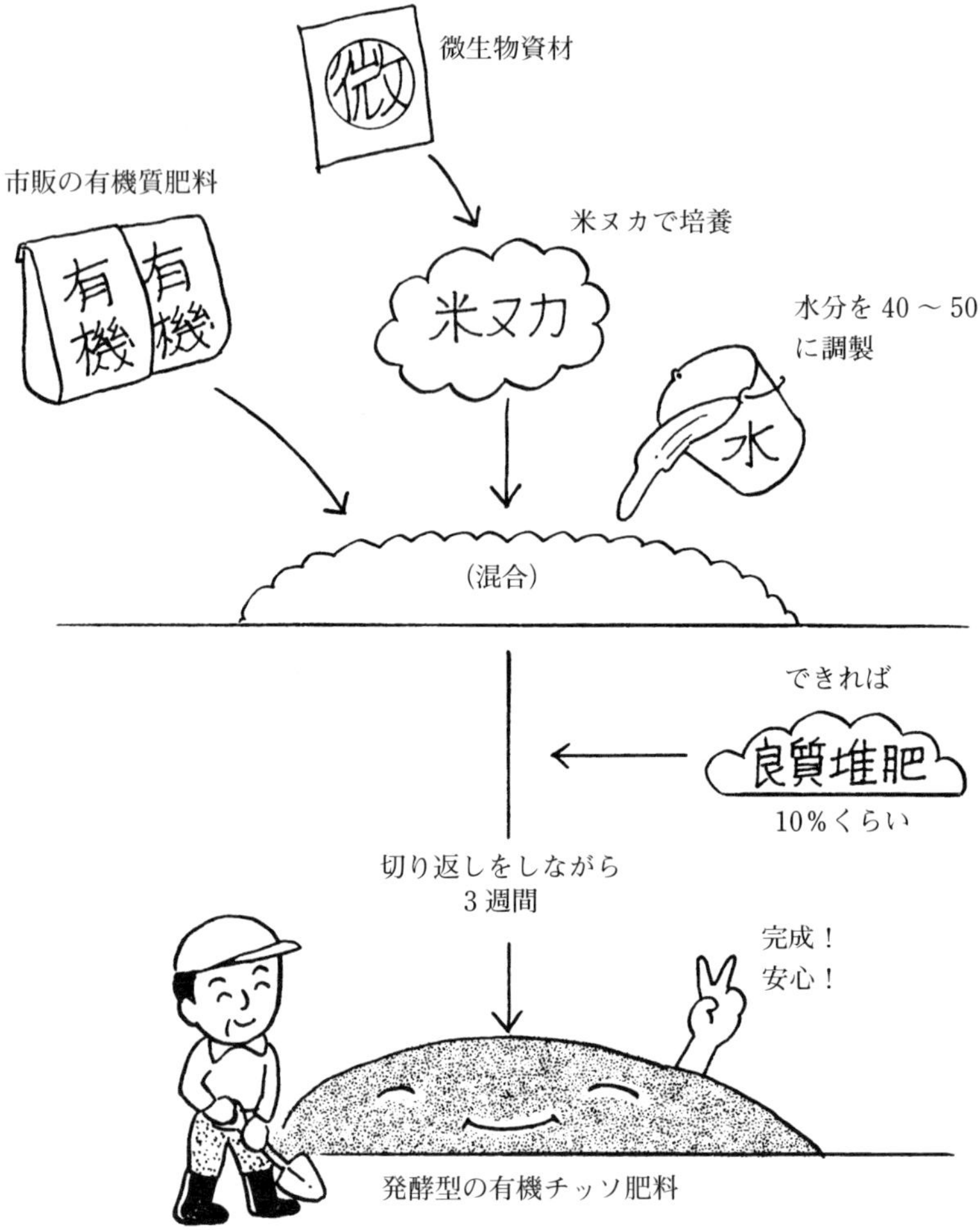

図3－12　市販の有機質肥料を微生物資材を使って発酵肥料につくり替える

分を四〇～五〇％くらいに調製して混和し、七～一〇日ほど堆積する。比較的短い堆積期間だが、水分を得て目を覚ました堆肥の有用微生物が配合肥料に食い込み、他の微生物からがっちりガードする。圃場に施用しても有機配合肥料が土壌病害虫に侵されることもなく、安心して使うことができる。

第４章

堆肥はセンイづくりの資材

太く節間の短いネギ
（写真提供　農事生産組合野菜村）

1. 有機農業の堆肥の狙い

堆肥というと、畑の土をよくする土つくりの資材というイメージがある。たとえば、土壌団粒をつくる、あるいは土壌病害を抑える、肥料を供給する、保持するといった働きがいわれ、そうした土の総合的な力を高めるために堆肥を施用するのだとされてきた。

確かにこの堆肥施用の狙いは間違いではないが、**有機栽培**ではさらに堆肥を「**炭水化物**」供給の視点から見ておくことが大事である。

第1章で述べたように、有機栽培の利点は炭水化物を肥料として根から吸わせることで、作物が**光合成**で自らつくり出す以上の炭水化物を体内にたくわえ、いかすことだからである（図4―1）。

（注）なお、本書で述べる堆肥はとくに断らない限り、もっとも一般的に流通している家畜ふんを利用したものを指している。

（1）炭水化物視点で堆肥を見ると

●堆肥中の炭水化物とは

堆肥は微生物の力によって、ふんやオガクズなどの有機物（タンパク質やセンイなど）が分解されたものだ。したがって、堆肥中には有機のチッソ分である**アミノ酸**をはじめ、大小さまざまな大きさのペプチドやタンパク質（菌体タンパクも含む）、いろいろな有機酸や糖類、セルロースなどの炭水化物、それに微生物の分泌物（ビタミンなどを含む）が含まれている。

これらが土壌中の粘土鉱物や微生物、作物の根などと個別に、あるいは相互に複雑にからみ合いながら堆肥の効用が発揮される。

●水溶性炭水化物がつくる土壌団粒

土壌団粒は粘土鉱物と**腐植**などが複雑にからみ、くっつき合いながら形成されているが、その接着剤の役割を果たしているのが、堆肥に含まれている水溶性の炭水化物である。この炭水化物は、堆肥原料の有機物が微生物によって分解されてできたものである。

この水溶性の炭水化物とは、簡単にいえばノリ状物質であり、デンプン糊や納豆の糸のようなものと思えばよい。これがいろいろな粘土鉱物や有機物などを接着して土壌団粒を形づくっている。

堆肥による物理性の改善には、このノリ状の炭水化物の役割が大きい。

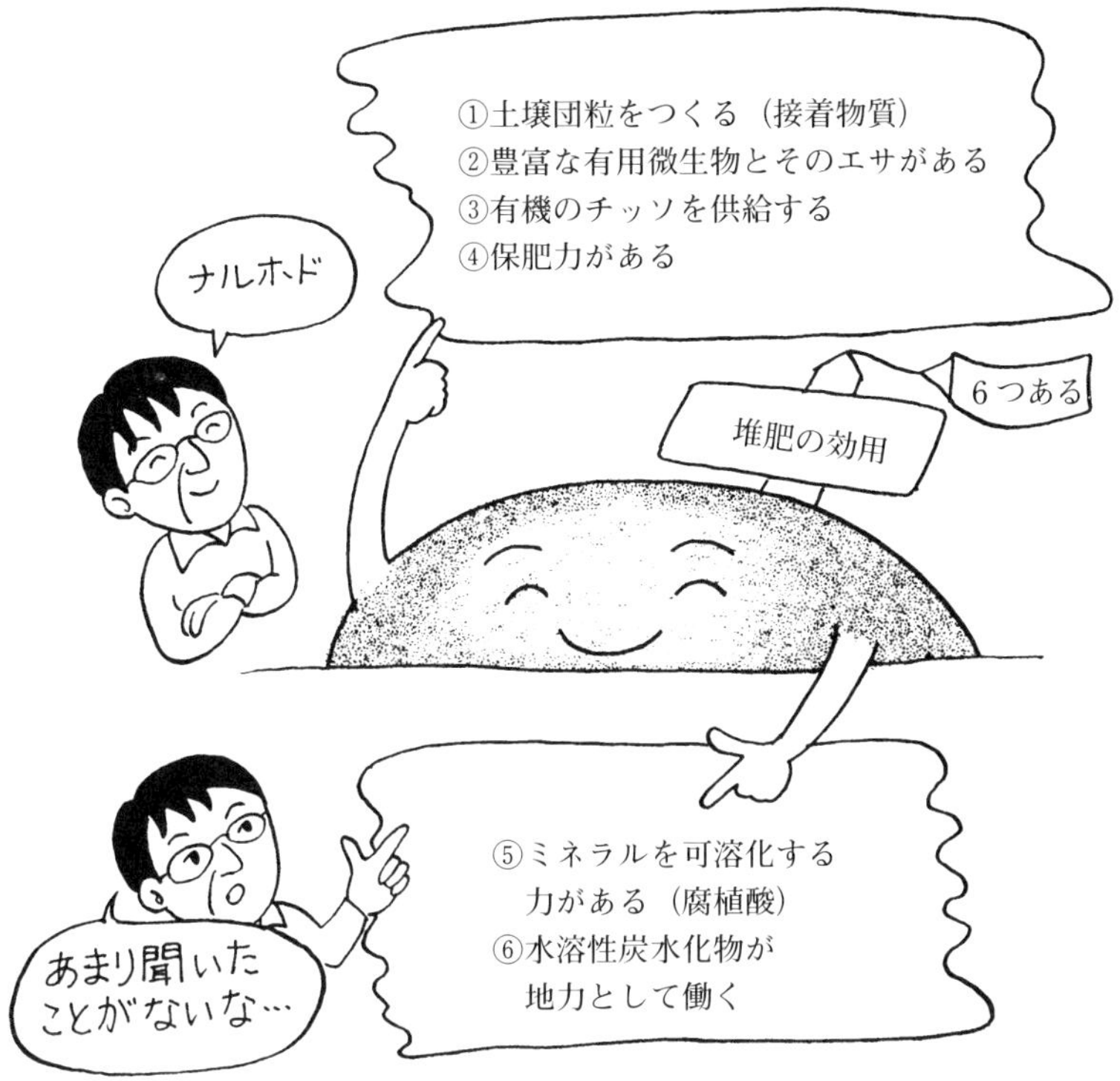
①土壌団粒をつくる（接着物質）
②豊富な有用微生物とそのエサがある
③有機のチッソを供給する
④保肥力がある
ナルホド
堆肥の効用
6つある
⑤ミネラルを可溶化する
力がある（腐植酸）
⑥水溶性炭水化物が
地力として働く
あまり聞いたことがないな…

図4－1　有機の視点から堆肥の効用を考えてみると……

●有用微生物のエサを供給

有用微生物の供給という面でも堆肥の役割は大きい。しかし、微生物の数を安定させるには、そのエサ＝エネルギー源である糖（炭水化物）が必要になる。多くの有用微生物に田畑で活躍してもらうためには、そのエサを適度に含んだ堆肥がいる。

堆肥による生物性の改善には、その中に十分な量の炭水化物が必要ということである。

●作物に有機チッソ分を供給

さらに、よい堆肥は有機態チッソを作物に供給する。このチッソ分は化成栽培の硝酸態チッソやアンモニアとは違って、多くは有機態のチッソである。有機態チッソには、アミノ酸であれタンパク質の分解生成物であれ、分子中に炭水化物部分がある。チッソと一緒にこれらの炭水化物部分も吸収されることで、作物は光合成とは別ルートで炭水化物を得ることができる。ここにも炭水化物が顔を見せてくれる。

●腐植＝炭水化物が保肥力の源泉

堆肥のもっている保肥力の源泉は、**難分解性有機物**が分解して生じた腐植である。この腐植は有機物の分解物の集合体で、さまざまな有機酸や大小の炭水化物、センイ類などからなる。そして電気的にマイナスに帯電した部分をも持ち、苦土や石灰、カリといった肥料養分を吸着している。これが堆肥の保肥力を形づくっているわけだが、もともとは有機物の分解物でありその分子中にCHOという分子構造をもっている。つまり炭水化物の仲間なのである。

以上が、一般的な堆肥の効用を、有機栽培の視点、つまり炭水化物をもった資材という視点から見直したものだが、堆肥にはこれ以外の効用がさらに二つある。実はこの二つが重要なのである。

(2) 腐植酸がミネラル吸収を促す

有機栽培を行なうと土壌**ミネラル**の吸収が多くなり、何年かすると不足してくることがある。そしてこのミネラル不足が原因で、収量・品質が頭打ちになったり、収量が下がったりする（**頭打ち現象**）。そこでミネラルの的確な補給が必要になる。

ところが、ミネラルという養分は、田畑に入れておけば作物がいくらでも吸収してくれるという物質ではない。ミネラル同士の**拮抗作用**や土への吸着などもおきるので、作物にスムーズに吸収されるとは限らないのである。

そんなミネラルの施用効果を上げるために重要なのが、堆肥に含まれている**腐植酸**などの**キレート**をつくる有機物である。腐植酸がミネラルと結びついて、腐植酸ミネラルというキレート物質になれば、水に溶けて作物に吸収されやすくなる。土に吸着しやすいリン酸も同様である（図4―2）。

よい堆肥を施すということは、キレートをつくる有機物を施すことであり、ミネラル不足を招きやすい有機栽培では非常に大切なことなのである。

物理性、生物性、化学性の改善に続く堆肥の五つめの効用は、土の中のミネラルを可溶化して、作物の吸収をよくする腐植酸をもつということである。この腐植酸も炭水化物由来のものである。

(3) ほんとうの地力の源

●作物に吸収される水溶性炭水化物

最後の六つめの効用は、水溶性炭水化物の肥料としての効果である。堆肥

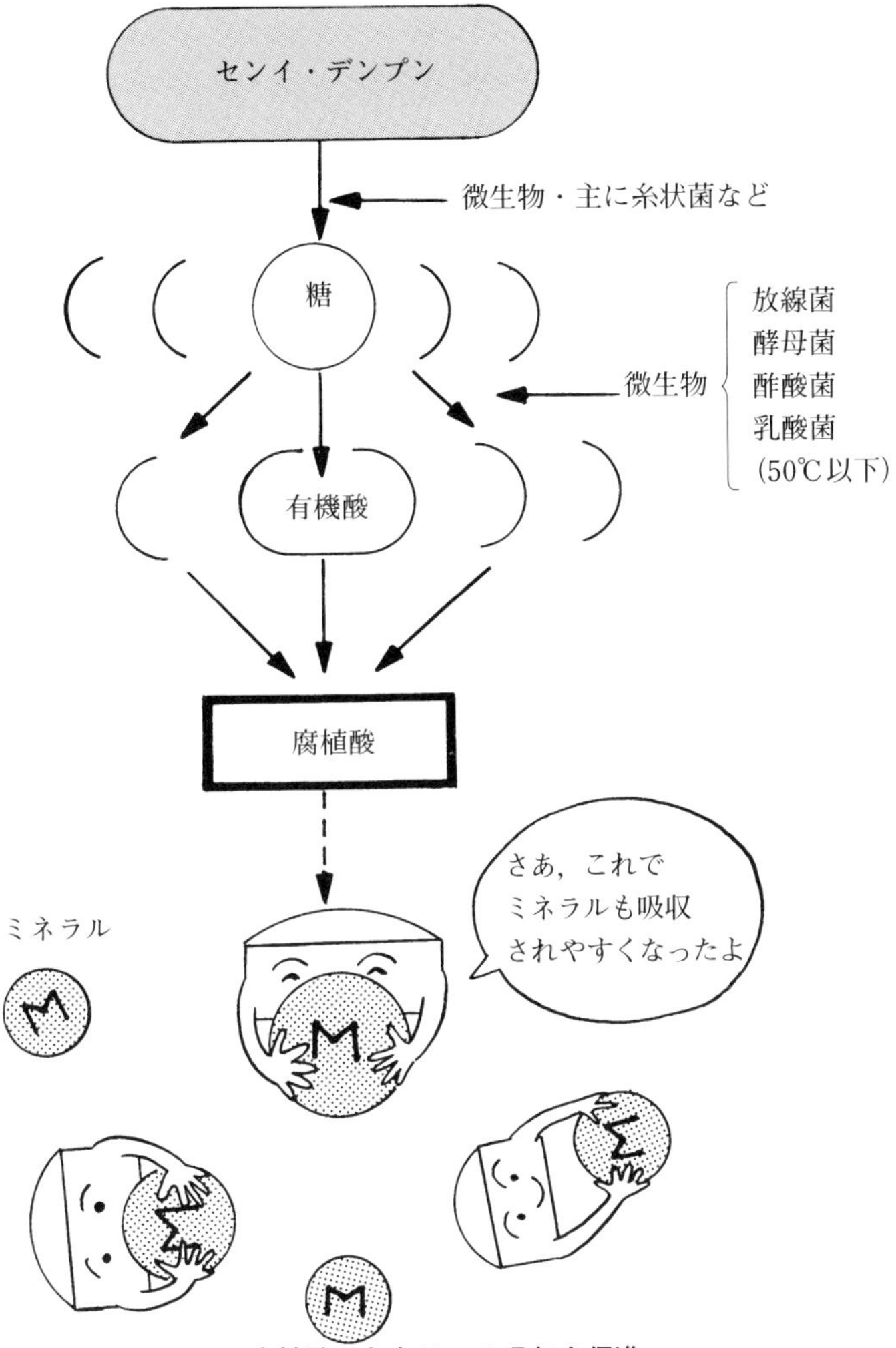

図4−2　腐植酸がミネラルの吸収を促進
腐植酸がミネラルをキレート化するのでミネラルは作物に吸収されやすくなる

の発酵過程で生まれる水溶性の炭水化物は、土壌団粒の接着剤的な働きをするだけではない。水に溶けた形で作物に直接吸収され、光合成によってつくられた炭水化物と同じように作物体内で働いている。この効用は非常に大きい。

●なぜ有機のイネが冷害に強いのか

これまで、「冷害の年でも有機栽培のイネは減収を免れた」といった話をよく耳にしてきた。堆肥を多く入れて

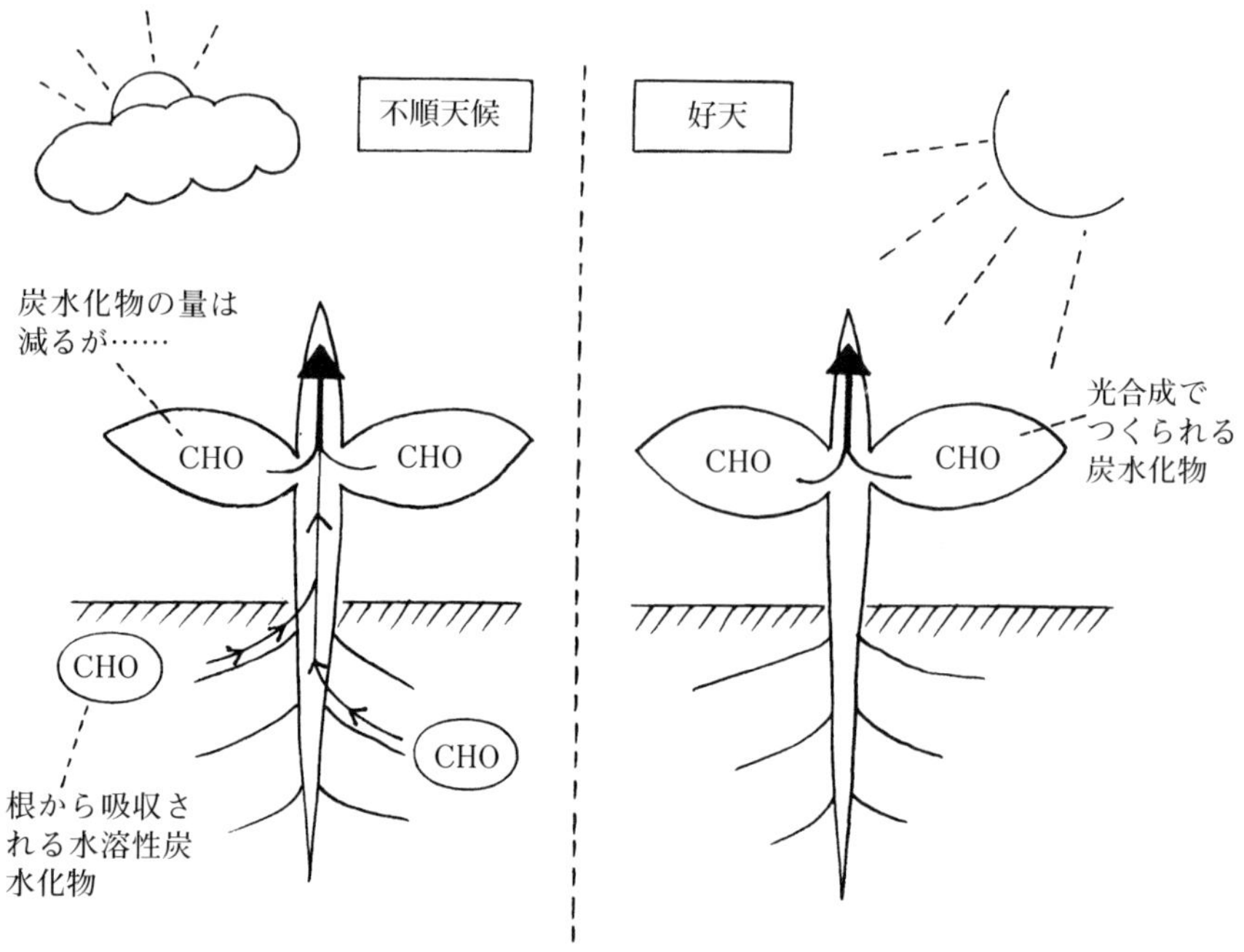

図4－3　堆肥が供給する水溶性炭水化物は不順天候下での光合成低下を補ってくれる

いるので地温が高かったとか、地力があったので早期に茎数確保ができたから、などと説明がされてきた。しかし私はそれだけではないと考えている。

悪天候下では、光合成によってつくられる炭水化物の生産は低下し、モミの中に炭水化物（デンプン）を詰め込むことが十分にできなくなる。これが冷害下の減収の要因だが、有機栽培では水溶性の炭水化物が土壌中にたくわえられ、イネはそれを吸収して、光合成の減収分を埋め合わせ、減収を免れたのだと見ている。これが有機栽培の力なのだと思う（図4―3）。

●水溶性炭水化物こそ地力の本体

冷害や天候不順、その他いろいろなストレスの中でも作物が健康に生長するように支える土の力を「地力」と呼ぶなら、それは、地力チッソというようなチッソではなく、光合成の産物である炭水化物でなければならない。炭水化物こそ作物の生きる力であり、生命活動の源だからである。

このようなことから私は、土壌中の水溶性炭水化物こそ地力の本体だと考えている。良質堆肥はその炭水化物を作物が吸収できる形で、つまり水溶性炭水化物を大量に持っている。良質堆肥を施用することは、水溶性炭水化物を施用することでもあり、その意味で地力を高めることにつながる。

この水溶性炭水化物による地力の増大こそ、堆肥のもっとも優れた、他の資材にはない特徴なのである。

2. 有機栽培に向く堆肥とは

(1) 有機栽培の堆肥に大事なもの

有機栽培の堆肥で大事なのは、次の五つである。

①土壌団粒を形成するノリ状の水溶性炭水化物がある
②有用微生物が多い
③保肥力の源泉である腐植が多い
④ミネラルをキレート化して、作物に吸収しやすくする腐植酸が多い
⑤地力の本体である水溶性の炭水化物が多い

このうち、②の微生物に関する以外の①③④⑤は、どれも有機物が分解してできる炭水化物に似た物質である。しかも分解の進んだ、分子の小さな、水に溶けやすい炭水化物である。そして、分解の進んだ炭水化物とは微生物のエサでもある。つまり、有機栽培に適した堆肥というのは、豊富な有用微生物とそのエサ、エネルギー源を一緒にもったもの、ということだ（図4－4）。

具体的にはそれはどんな堆肥なのだろうか？

写真4－1　大きな葉の縁が上を向いて羽ばたいているような高品質多収のキュウリの姿
（写真提供　農事生産組合野菜村）

(2) 狙うのは中熟

未熟堆肥、**完熟堆肥**という言い方がされる。未だ熟成がなされていない、という意味で未熟、完全に熟成がなったという意味で完熟というわけである。そうして、「この堆肥はまだ未熟だから作物の根を傷める」「この堆肥は腐葉土の匂いがして完熟しているから土つくりにいい」などといわれる。

ではどの熟度が有機栽培にはよいのだろう。

●未熟はやはり避けたい

堆肥の熟度と微生物、有機物の関係を見ると、図4―5のようになる。未熟のうちは、有機物の分解が進んでいないので有機物の総量は多いが、微生物はあまり増殖してない。イス取りゲームでいえば、空いているイスをめぐってさまざまな微生物がせめぎ合っている状態である。そんな状態の堆肥を施すと、その空いているイスに土壌病害虫などが居すわってしまうことがある。

また、未熟有機物の分解のために土中のチッソや酸素が使われて、作物の生育が妨げられる。**チッソ飢餓**や根腐れの害である。

●完熟堆肥ならよいか?

たいていの人が堆肥は完熟堆肥が最良と考えている。しかし私は、未熟と

写真4－2　多収穫を支える鷲の爪のようなキュウリの根

中熟堆肥による根まわりの物理性の改善と十分な余剰炭水化物の賜物

（写真提供　農事生産組合野菜村）

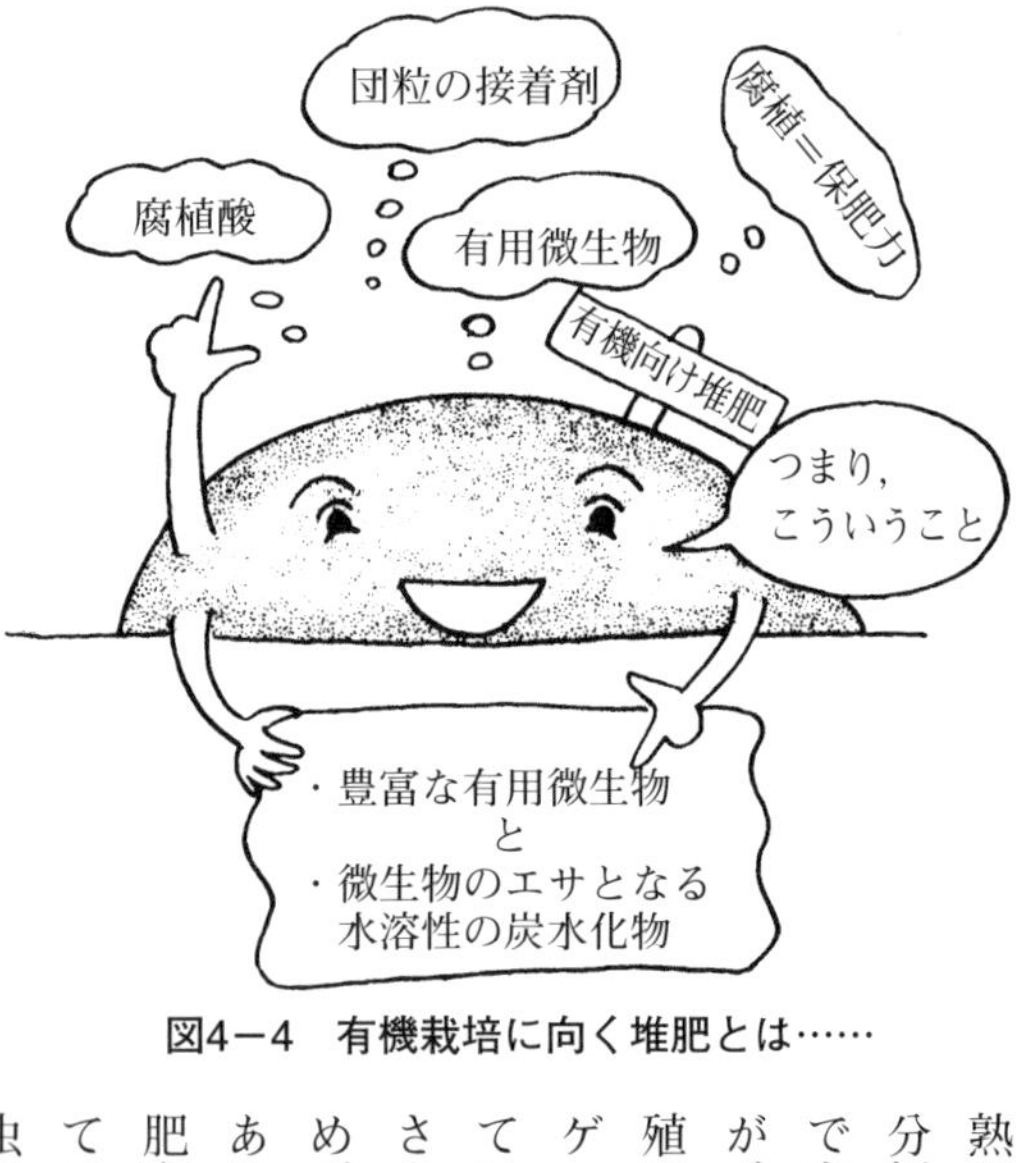

図4－4　有機栽培に向く堆肥とは……

完熟の中間の（完熟の手前といったほうがイメージとしては近い）「**中熟堆肥**」こそが有機栽培には適していると考えている。

表4―1は堆肥のもっている六つの要素が、熟度でどのように違うかを示している。ただし表中の「多」「中」「少」はあくまで相対的な傾向と見てほしい。

この表で見るように、完熟堆肥には「地力」の源泉である水溶性の炭水化物が多く、土の物理性を向上させ、天候不順下の作物栽培を安定させる力をもっている。また、ミネラルをキレート化する腐植酸もあるので、ミネラルの吸収もある程度は促進できる（もちろん必要量のミネラルは土になければならない）。さらに成分としては少ないものの、施用量が多い堆肥ではチッソ分やその他のミネラル類も供給できるので、作物づくりにもある程度貢献する。

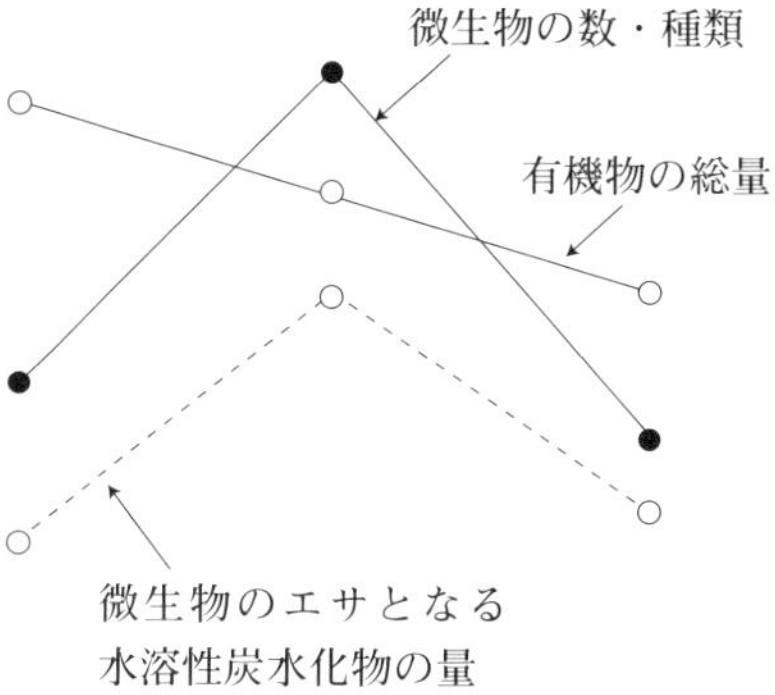

堆肥の熟度	未熟堆肥 →	中熟堆肥 →	完熟堆肥
主な微生物	糸状菌 →	納豆菌 放線菌 酵母菌 →	納豆菌 放線菌

図 4―5　堆肥の熟度によって微生物と微生物のエサの量は変わる

●土壌病害虫が抑えられない!?

しかし、意外に思うかもしれないが、完熟堆肥には有用微生物が少ないのである（図4―5、表4―1）。そのために、土壌病害や土壌センチュウを抑えることが難しい。土壌病害虫が優占しているような土では有用微生物は勢力争いに負けてしまうのだ。

また仮に相当数の有用微生物がいたとしても、畑に投入されればその密度はぐんと低くなる。微生物が仲間を増やしていくにはエサが必要だが、完熟堆肥にはそのエサとなるタンパク質や

表4－1　堆肥のもっている6つの要素と堆肥の熟度との関係

		未熟堆肥	中熟堆肥	完熟堆肥
土壌団粒をつくるノリ状炭水化物		少	中	多
微生物	数	中	多	少
	種類	中	多	少
利用できるチッソ	無機	少	少	多
	有機	少	多	少
保肥力		少	中	多
腐植酸		少	多	中
水溶性の炭水化物		少	多	多

＊　少・中・多は各項目での相対的な傾向を表わしたもの

炭水化物類が発酵分解が進んでいるために少なくなっている。有用微生物は土の中で仲間を増やそうにもできないのである。

完熟堆肥は、物理性や化学性の改良にはよくても、土壌病害虫という現代の農業が抱える課題には対応しきれない、というのが現実だと思う。

●もっとも力が強い堆肥

そのような完熟堆肥に比べて、完熟になる手前の中熟で**発酵**を抑えれば微生物は多い。微生物の拡大再生産がどんどん進んで完熟になりきる手前で、発酵を切り上げるからである。

この段階なら微生物も多く、同時に分解物である微生物のエサ（比較的分子の小さな炭水化物類など）も多い。いってみれば、堆肥の発酵過程の中でもっとも力の強い段階なのである。この状態で堆肥を広げ、放冷・乾燥させて発酵を止めて仕上げるのが中熟堆肥である。これを施用すると、土中で水分を得て微生物は活性化し、仲間を増やしていく。土壌病害虫を抑制し、さらに有機物の分解を進めて団粒形成も促進することができる。私が有機栽培で勧めるのが、この中熟堆肥なのである。

(3)　中熟堆肥で土壌病虫害を抑える

土壌病害虫を抑えることのできる堆肥の条件を、私は次のように考えている。

①微生物の種類も数も多い
②その微生物が土壌病害虫の増殖を抑えられる種類である
③その微生物が土の中でも増殖できるようなエサ（易分解性の炭水化物やタンパク質類など）をもっている

中熟堆肥について順に見ていこう。

●微生物の種類も数も多い

微生物が多いことは土壌病害虫を抑

える基本である。そして、さまざまな土壌病害虫に対応するためには、多様な種類の有用微生物が必要である。

そのためには堆肥の大量投入という手もあるが、労力の問題や、チッソ・カリの過剰といった心配もしなければならない。堆肥の大量投入より、微生物密度の高い堆肥を使うほうが実用的なのである。

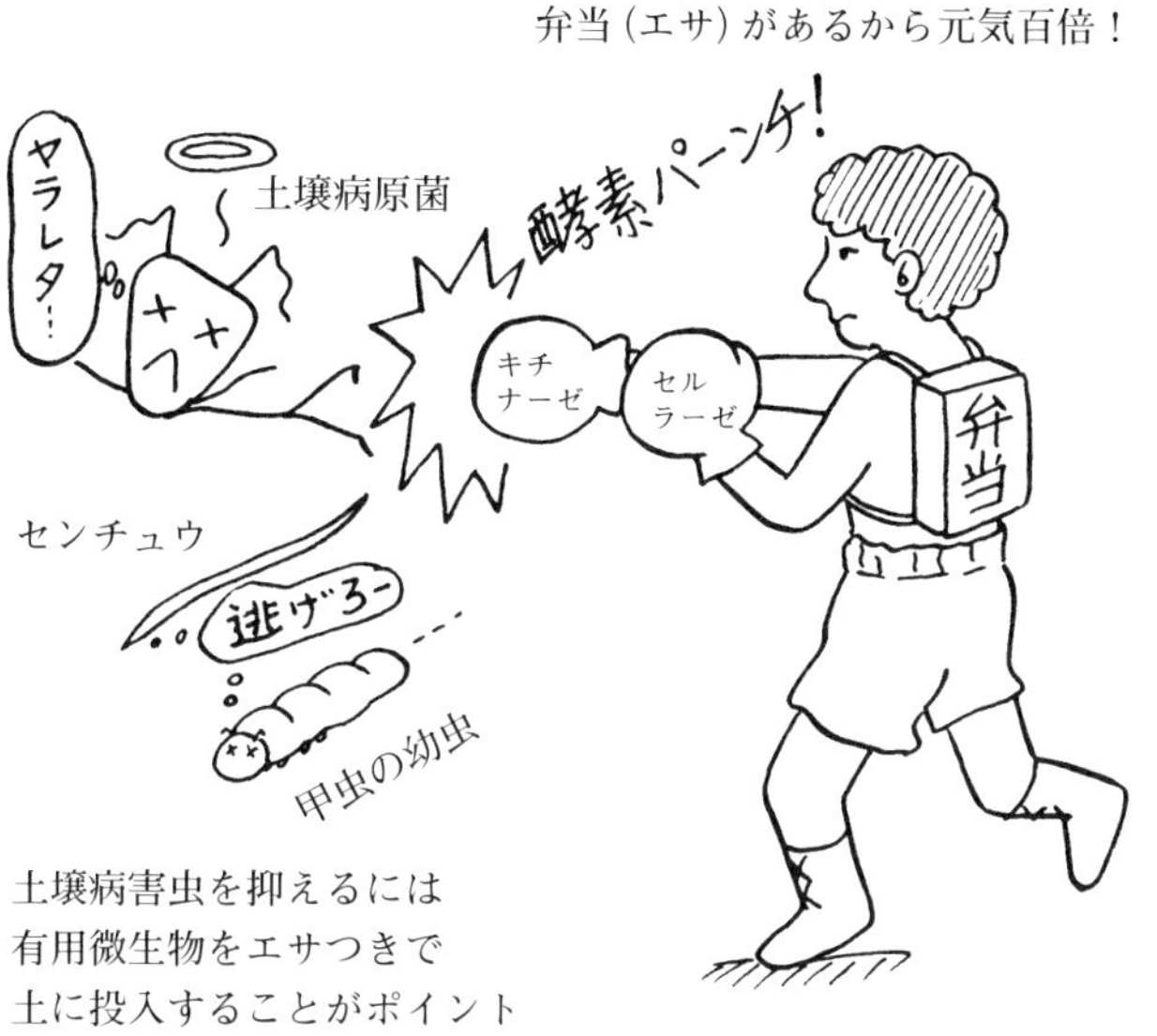

図4－6　有用微生物のエサをもった堆肥

●土壌病害虫を抑えられる微生物

次に必要なのが、その微生物が土に棲みついている多様な土壌病害虫を抑えられる種類であることである。

たとえば、土壌病害の多くは糸状菌（カビの仲間）だが、この糸状菌の細胞膜はセルロースでできている。セルロースを分解するような酵素をもった微生物であれば、その土壌病害は抑えることができる。

また、センチュウやトマトに青枯病をおこすフザリウム菌、昆虫はキチン質の細胞膜や表皮をもっているが、このキチン質を分解する力をもった微生物がいる。これらが豊富に棲みついている堆肥であれば、増殖を抑えることが可能である。このような微生物の代表は**納豆菌**と放線菌である。

有機物の発酵過程では、はじめは糸状菌が有機物を分解して糖をつくり、その糖をエネルギー源としてさまざまな微生物が活躍し始める。酵母や納豆菌の仲間、放線菌などもそうである。このうち、納豆菌の仲間はタンパク質を分解するだけでなく、セルラーゼというセルロース分解酵素をもっている。放線菌も、キチナーゼというキチン質を分解する**酵素**をもっている。これら二つの微生物（被害によってどちらかの微生物）をできるだけ多く増殖させることで、土壌病害虫抑制型の堆肥がつくれるのである。

●有用微生物のエサをもった堆肥

最後に、その放線菌や納豆菌が土の中でも増殖できるエサをもっていることが、重要である。

堆肥の施用量は一〇aに一～二t程度だが、畑全体の土（作土）から見れば、微々たるものだ。畑を耕耘すれば、微生物の密度はさらに薄まる。これでは、はびこっている土壌病害虫はなかなか駆逐できない。

しかし堆肥にエサも一緒に付けて（もたせて）やれば、微生物はそのエサで増殖でき、さらに土の中の有機物も利用して勢力を拡大していける。有用微生物の勢力が拡大することは、土壌病害虫が抑えられるということと裏腹だ（図4―6）。そしてこの有用微生物のエサが一番つくられる時期が、中熟である。つまり、中熟堆肥を田畑に施

堆肥で害虫を抑制できる!?

堆肥はさまざまな微生物が増殖できる培地でもある。害虫の病原微生物も例外ではない。ときどき畑でアオムシなどの死骸を目にすることがあるが、この病原微生物を培養できれば、アオムシの防除に役立てることができるかもしれない。

やり方としては、まず菌を拡大培養しておく。アオムシの死骸を砂糖水につけると、病原菌らしきものが水面に浮いてくる。この砂糖水を米ヌカ五kgに混ぜ、さらに米ヌカを増量して三〇kgにする。発酵して熱が出てきたらこれを堆肥に加えるのである。

堆肥にはもちろんアオムシと違うが、タンパク質やデンプン、センイなどがある。それが微生物によって分解され、さまざまな有機物ができている。この有機物をエサに、アオムシの病原微生物を増殖させるのである。

もっと簡単には、ダイズの煮汁を一〇倍程度に薄めて、砂糖を一％加えた水溶液をつくる。そこにアオムシの死骸を入れる。多いほどよい。温度二八～三〇℃程度に設定して、金魚用のエアーポンプで空気を送る。二～三日曝気したら、堆肥を積むときにまく。できるだけ生の原料にまいてやるとよい。

害虫の死骸から
何か浮いてきたぞ
これを培養できれば……

なお、どちらの方法も堆肥の発酵温度は六二℃以下にしておくことだ。

すということは、有用微生物とエサとを同時に施すことである。

ただ、堆肥の施用から有用微生物が畑全体に広がるまでには少し時間がかかる。私はこの時間を「**養生期間**」と呼んでいるが、堆肥施用から一定の時間をおいて作付けすることが必要である。

●機能性をさらに高めることも可能

さらに、堆肥づくりの過程で特定の微生物を「接種」することで、狙った病害虫を抑えることも可能になる。先にも紹介したが、放線菌密度の高い堆肥をつくってフザリウム病やセンチュウを抑えたり、納豆菌密度の高い堆肥で糸状菌などの病原菌を抑えたりである。さらにこれは特殊だが、病気で死んでいるイモムシを集めて菌を培養し、それを加えて堆肥にするやり方もある。

3. 堆肥づくりの実際

(1) 堆肥づくりの三つの工程

私は中熟堆肥づくりの工程を、**一次発酵**、**二次発酵**、**養生発酵**の三つに分けて考えている。図4—7、表4—2と合わせ本文を読み進めていただきたい。

●一次発酵で糖をつくり、二次発酵を導く

堆肥の原料を混合して、水分五〇～六〇%、**C／N比**一八～二七にして堆積すると、微生物が急速に増殖して、**品温**がだんだん上がり始める。ここから品温を六〇℃まで上げていく工程を一次発酵という。一次発酵では品温は六〇℃を超えないように空気の量や**切り返し**のタイミング、積み上げの高さなどで管理する。

一次発酵では堆肥原料中の分解しやすい物質（ふんやデンプンなどの**易分解性有機物**）から分解が進み、糖分やアミノ酸がつくられる。これらが二次発酵のエネルギー源となり、有用物質の生産が可能になる。

この一次発酵で活躍するのは、コウジカビなどの糸状菌の仲間だ。これらは好気性菌なので酸素を適度に供給することが一次発酵のポイントになる（易分解性有機物が多い場合は、二次発酵の主役の納豆菌、放線菌がはじめから増殖する場合がある）。

●二次発酵で微生物・有用物質を増やす

二次発酵では、五〇～六〇℃の品温と水分四〇～四五%を維持しながら有機物の分解を進める。

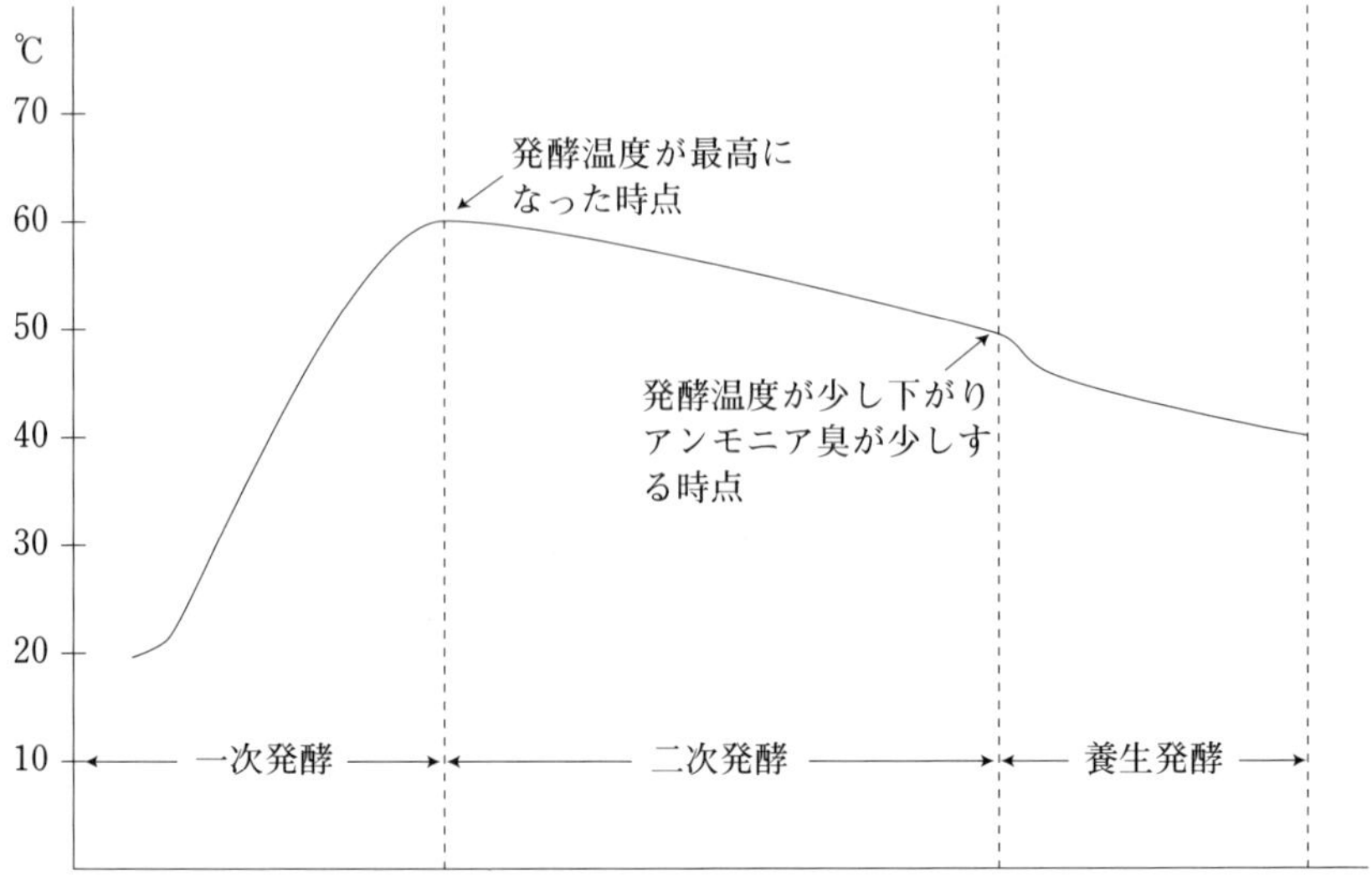

図4－7　堆肥の発酵温度の推移と発酵の三つの区分

表4－2　中熟堆肥づくりの目安となる数値と微生物

	一次発酵	二次発酵	養生発酵
日　数	7～10日	30日前後	10～14日
温　度	～60℃	50～60℃	40～45℃
水　分	50～60%	40～45%	20～30%
送風量	2～3%	2%	1%
活躍する主な微生物	糸状菌	納豆菌 放線菌 酵母菌	納豆菌 放線菌
(役割)	微生物のエサである糖とアミノ酸をつくる 易分解性有機物を分解する	センイ質（難分解性有機物）の分解 ビタミンや酵素などさまざまな物質をつくる	センイ質を分解して水溶性炭水化物をつくる 微生物のエサとなる炭水化物を多く含む
C/N比	18～27 ――――→		15～25

＊　各数値は目安。基本は温度条件で，全期間を通して62℃より高くしないことがポイント

＊　戻し堆肥を利用すると，とくに一次発酵での日数は半分近くに短縮される。また活躍する微生物は糸状菌だけでなく納豆菌，放線菌も大量に加わることになる

ここでは、一次発酵でできた水溶性炭水化物類をエネルギー源に、さまざまな微生物が増殖して、センイなどの難分解性有機物の分解が始まる。また多様な物質が、その有機物分解の過程で生産される。

品温と水分を約一ヵ月ほど維持することで、多くの有用物質がつくり出される。

ここでは品温を五〇〜六〇℃で維持することがポイントである。この工程で働く納豆菌や放線菌などによる難分解性有機物の分解を進めることにつながるからだ。ただ、二次発酵期間は微生物のエサも次々生じて、微生物活動も活発になりやすく、ややもすると品温が上がりすぎる。

六〇℃以上の品温は、微生物が暴走したような状態で、エネルギーをムダに使っているようなもの。品温の積算温度も最終的には少なくなり、有用物質の生産効率もかえって落ちる。この点、注意したい。

●養生発酵で活力をため込む

発酵温度が下がり、少しアンモニア臭がし始めたら、堆肥の品温を四〇〜四五℃、水分を二〇〜二五％へ徐々に下げながら微生物の活動を抑える。これを「養生発酵」といっている。微生物の活性を少しずつ下げながら、最終的には休眠にもち込む。こうすることで（休眠中の）有用微生物の多い、しかもそのエサである水溶性炭水化物も多くもった中熟堆肥が仕上がる。

品温や水分を徐々に下げていくのは微生物の活性を残して、堆肥中のチッソだけでなく、蓄積が進んだ水溶性炭水化物などを浪費しないためである。また同じ理由から、養生発酵の期間もあまり長くとらないようにする。長くなると、たとえ品温が高くなくても堆肥中のエサが微生物によって消費されてしまうし、微生物の種類や数も減ってきてしまう。

(2) 作業のポイント

堆肥づくりは、スタート時点の原料の調製さえきちんとできれば、それほど難しいものではない。

●積み込みの原料の調製

堆肥原料は身近にあるものを活用する。酪農の牛ふんがあればそれを使うし、豚ぷんや鶏ふんなど何でもよい。また家畜ふんだけでは堆肥にならないので、水分とC／N比の調製のためにオガクズやバーク、ワラやモミガラといった有機物が必要になる。これらも身近にあるものを使うのが一番理にかなっている。

堆肥設計ソフト

原料の調製で重要なのは水分と、C

／N比である。しかし二つを同時に適正値になるようにするのは意外と難しい。そこで、私は「**堆肥設計ソフト**」を利用してもらっている。これは、原料それぞれの水分、C／N比から、それらをどういう割合で組み合わせたら、合計でどんな水分状態とC／N比になるかがわかるエクセルのソフトである。パソコンで簡単に原料の組み合わせがシミュレーションできる。

水分を五〇～六〇％に調製というと、よくいわれるのは、「材料をつかんでかたまりにして、指で小突くとバラッと崩れるくらい」といった判断の方法だ。しかし堆肥のように、その材料がふんやオガクズ、ワラ、モミガラ、落ち葉など形状や水分含量にバラツキがあるものは、そうした感覚的な把握ではうまくいかないこともある。堆肥設計ソフトを使えば、その点ラクにできる。

有機物のC／N比調製

水分の調製と同じくC／N比の調製も大切なのだが、これも五感ではなかなかつかみきれない。堆肥原料に使われる有機物のC／N比は次のような値である。

牛ふん一〇～一二、豚ぷん八～一〇、鶏ふん六～一〇、イナワラ五〇～六〇、オガクズ三〇〇～一〇〇〇などである。これを見てもわかるように、鶏ふんのようなチッソの多い有機物ほどC／N比は小さくなり、木のような有機物ほどC／N比は大きくなる。こうしたものをどの割合で混ぜてやれば、発酵で好スタートを切れる原料のC／N比一八～二七に整えられるか、ということなのである。

C／N比を調製する意味

コップ一杯の家畜ふんとオガクズをそれぞれ同じ土の中に埋めておく。地温にもよるが、ふんは数日で跡形もなくなり、二～三週間たつと臭いすらわからなくなってしまう。ところがオガクズは、半年経ってもそのままの状態でそこにあるだろう。

ふんは微生物がとりつきやすく、短時間で分解できるのだが、オガクズは周囲に微生物がいても容易に分解することができない。この違いを表わしたものがC／N比である。

C／N比の大きな有機物（オガクズ）を微生物が分解するには、適当なCとNの割合になるようにC／N比の小さい有機物（家畜ふん）を混ぜ合わせてやる必要がある。そうしないと微生物はC／N比の小さなふんは分解しても、C／N比の大きなオガクズは分解できずに残してしまう。堆肥原料として一緒に堆積しても、オガクズだけが残ってしまうことになるのである。未熟堆肥といわれるのが、このような堆肥である。

堆肥をつくる場合、当初のC／N比が一八～二七で、発酵して中熟堆肥に仕上がる段階では一五～二五くらいがよい。途中でC／N比が小さくなるのは、発酵のあいだに有機物の炭素が二酸化炭素の形で大気中に放出されるからだ。

堆肥設計ソフトの利用

さて、以上のような調製を容易にできるようにしたのが「堆肥設計ソフト」だ。

たとえば水分だけなら、八〇％の牛ふんと二〇％のオガクズを、それぞれ一tずつ混ぜれば水分五〇％の堆肥材料ができる。しかし、この割合ではC／N比は七〇を超えてしまい、チッソが不足する。そこでC／N比の小さい鶏ふんを加えようとする。すると今度はこの鶏ふんの水分も考慮しなければならず、堆肥原料の水分とC／N比を整えていくのはなかなか面倒なのである。

この煩雑な計算をパソコンソフトのエクセルを使って算出できるようにしたのが「堆肥設計ソフト」である（使い方・入手法（無料）については、拙著『有機栽培の基礎と実際』付録か、次のホームページを参照のこと。http://www.japanbiofarm.com/）。

この堆肥設計ソフトには各原料の水分、C／N比のデータが入力されているので、手持ちの資材を選び、量などを打ち込めば合計の水分、C／N比が自動的にわかる（ソフトに組み入れてある水分、C／N比の数値は変更できる）。

●発酵温度は五〇～六〇℃を維持

中熟堆肥づくりでは、発酵温度の最高は六二℃、実際の管理では五〇～六〇℃程度の温度域で発酵が進むのがよい（二次発酵期間。その他は図4―7、表4―2参照）。

高温になりそうなら堆肥の山を崩して表面積を多くして熱を逃がすとか、エアレーションを少し弱めて酸素の供給を制限して温度を下げる。反対に、もう少し品温を高くしたいときには、堆肥の山を少し大きくして、表面積を小さくし、放熱を少なくする。あるいは、エアレーションを少し強めにして酸素の供給を増やしてやる。

なお、堆肥の品温は堆肥の山の中央部分に棒状の温度計を挿して測り、つねに気にしておく。

●大事なエアレーション
配管したパイプの空気穴から送風

エアレーションとは、堆肥の発酵の進み具合を調節する方法の一つで、堆肥原料を堆積し直す切り返しを、送風量を調整することでできるようにしたシステムのことである。

具体的には、送風機（ブロア）で送った空気を、堆肥原料が堆積されている床に配管したパイプの空気穴から吹き出して、発酵を調節する。

いまの堆肥原料は通気性が悪い

現在の堆肥原料は、家畜ふんとオガクズが主体である。昔のように、家畜ふんの間にワラや落ち葉など通気性を確保する粗大有機物を使うことは少ない。そのため材料を堆積すると全体が詰まった状態になって、中に空気が入らない。フロントローダーのような機械で切り返す方法もあるが、やはり隅々にまで空気を供給するのは難しいし、手間もコストもかかる（写真4―3）。

写真4―3　フロントローダーによる堆肥の切り返し

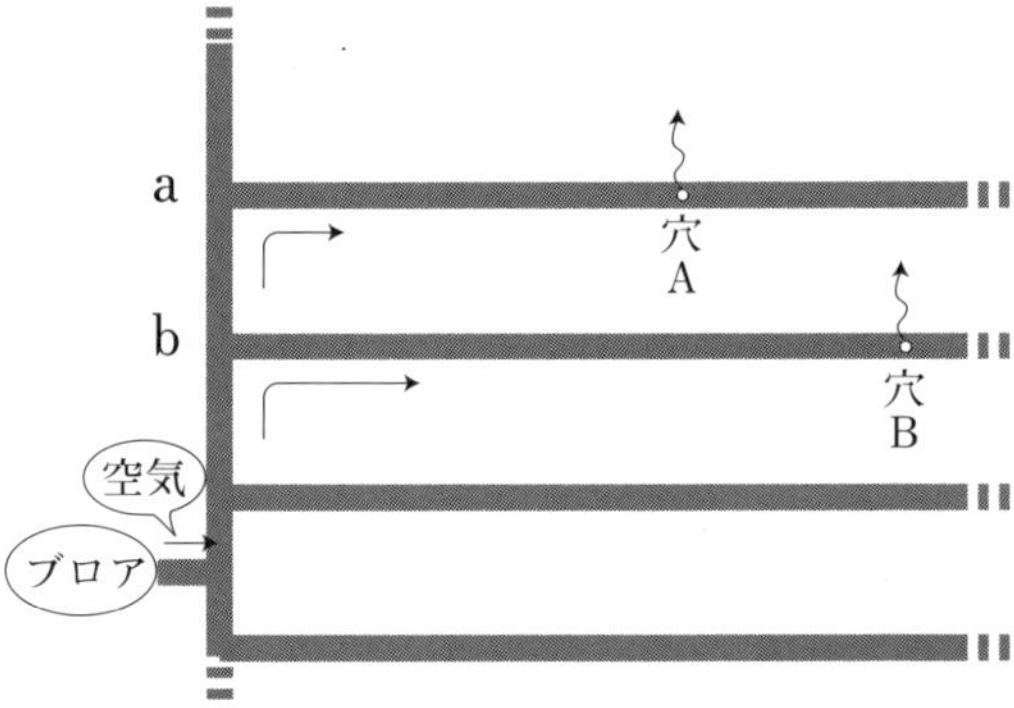

ブロア a―穴 A までの長さとブロア b―穴 B までの長さが同じであれば，穴 A，B から出る空気量は同じになる

図4―8　ブロアからの長さとパイプの穴から出る空気量との関係

オガクズ使用堆肥には不可欠

そこで、パイプ配管によるエアレーションが考案されている。これならスイッチ一つで、一日中でも、時間を決めてでも空気を送ることができるし、量も加減できる。また配管を工夫すれば、堆肥の山の隅々にまで外の新鮮な空気が送り込める。堆肥全体をムラなく発酵させて、品質の高い中熟堆肥をつくることができる。

オガクズを利用する現在の堆肥づくり施設には、不可欠の装備がエアレーションである。

トーナメント図のように配管する

エアレーションのポイントは送風量の均一化である。

図4―8はエアレーションの配管例だが、パイプの空気穴から出る空気量

①堆肥発酵状態

②全景

③送風機全景，④配管状況，⑤送風機，
⑥インバーター（回転制御装置）

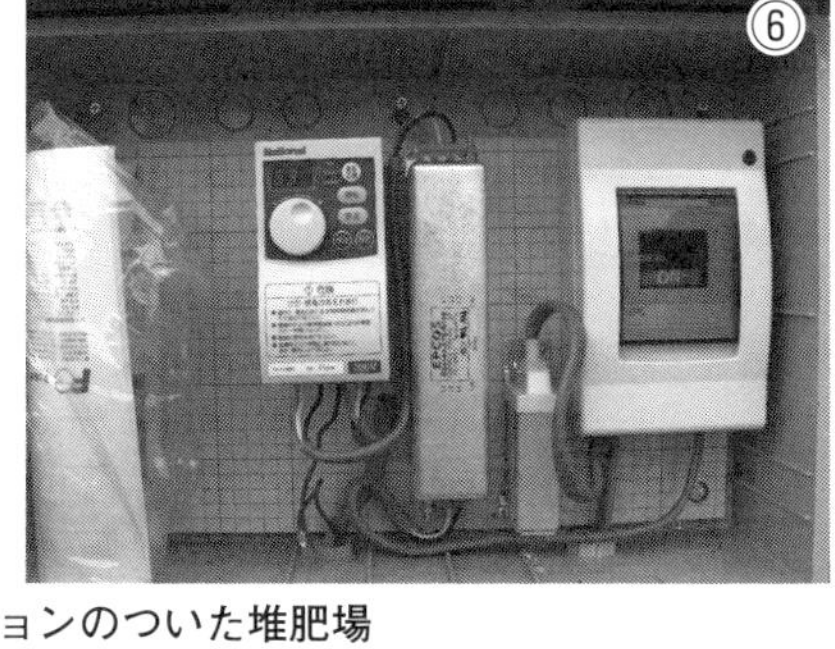

写真4－4　エアレーションのついた堆肥場

エアレーションの配管例①

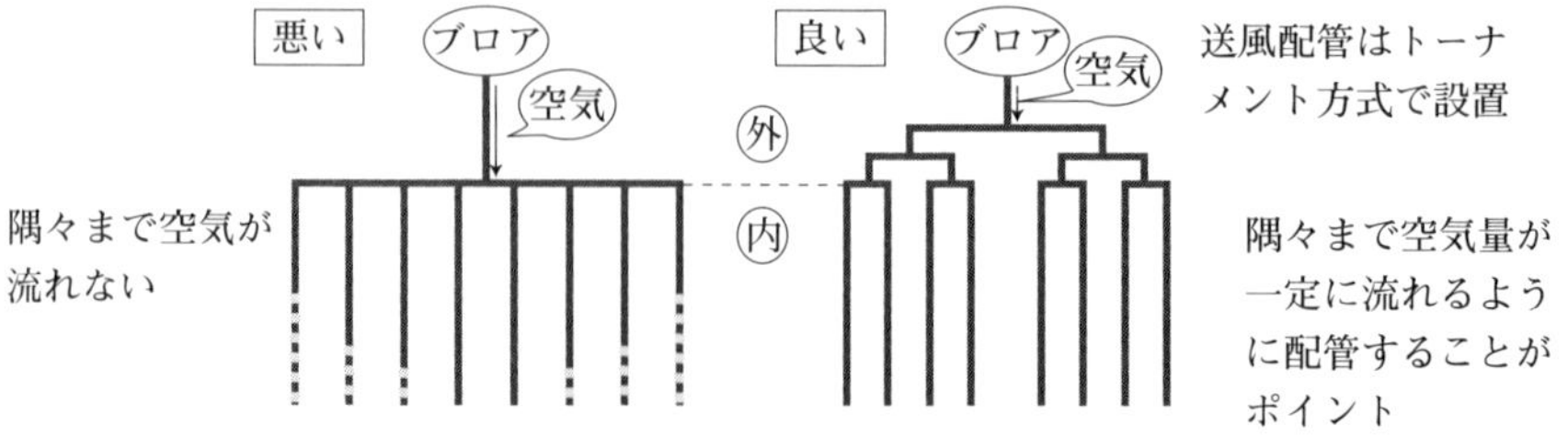

（例１）チャンバーを利用した配管

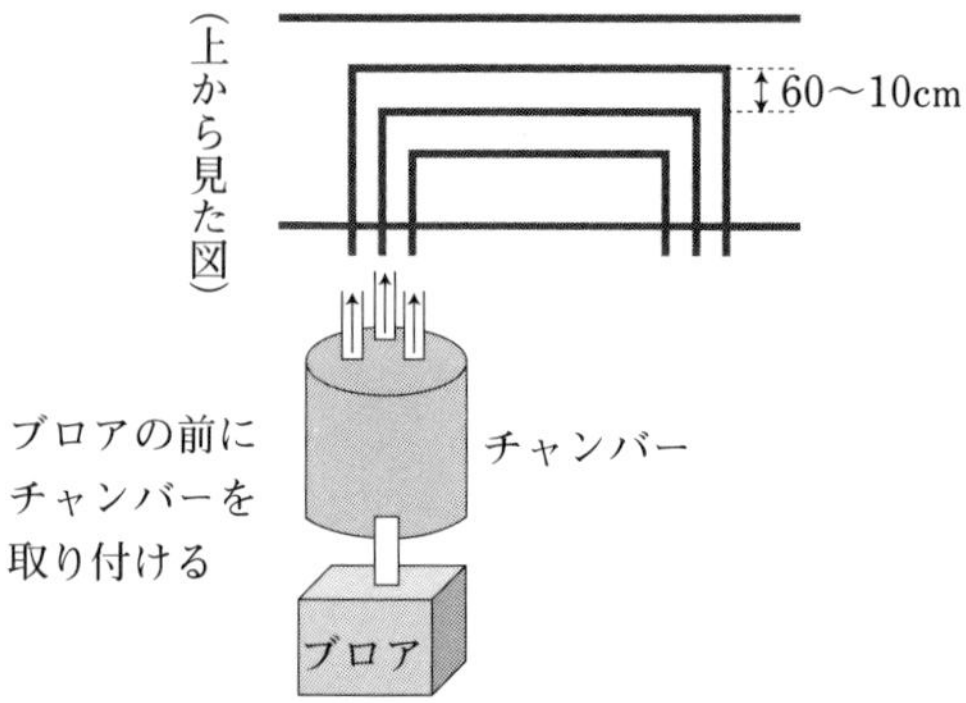

（例２）大きな堆肥場の配管

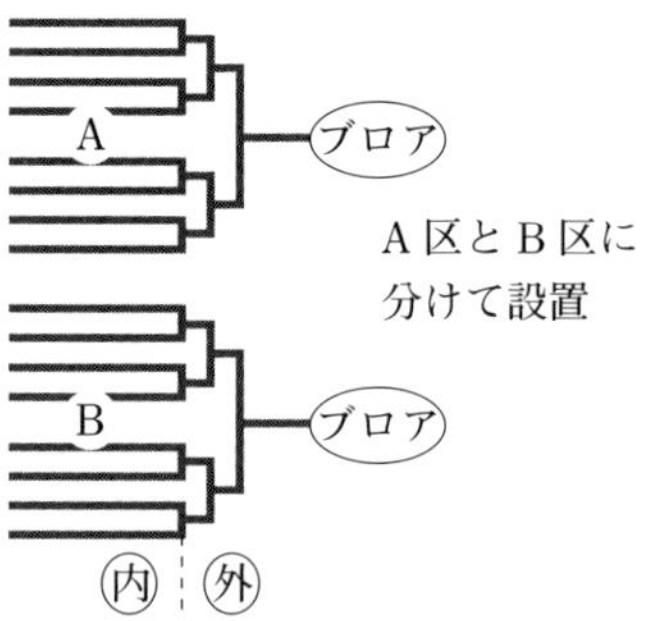

エアレーションの配管例②

堆肥の量が増減する場合の配管

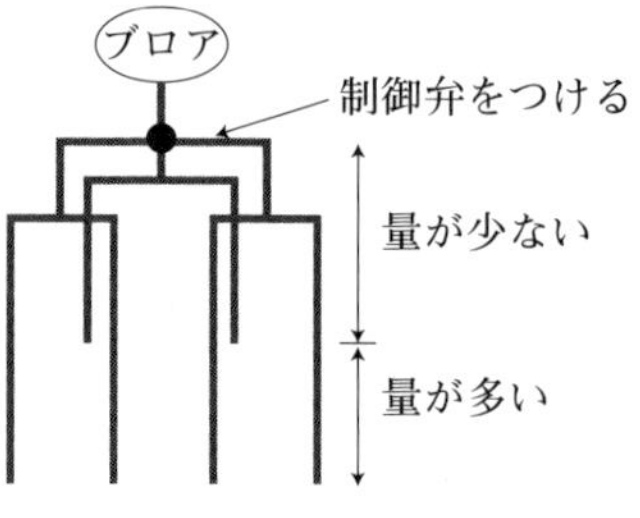

耕種農家の堆肥場の配管

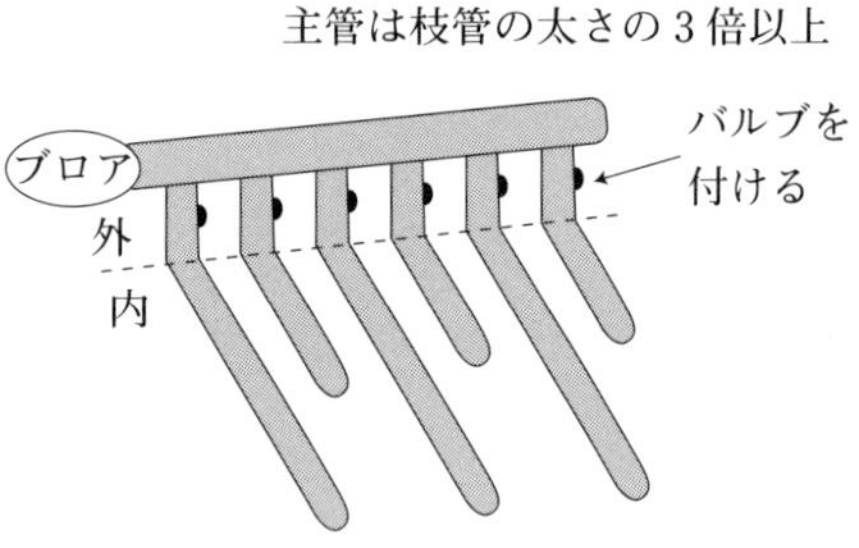

図４−９　エアレーションの配管例

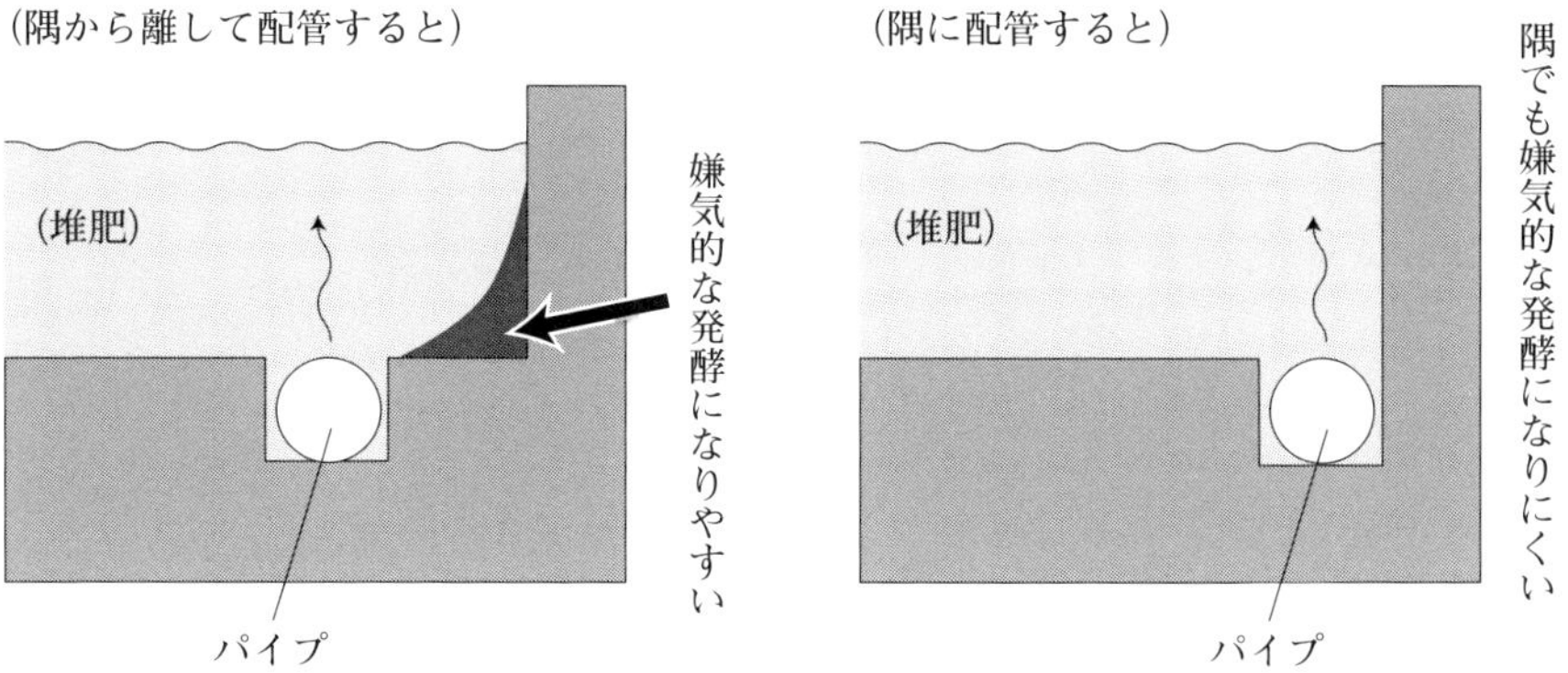

図4−10　発酵槽の隅の配管の仕方

は、ブロアから空気穴までのパイプの長さによって決まる。ブロアから複数のパイプを伸ばす場合、ブロアから遠い空気穴ほど出る空気の量は少なくなる。

図4—9の悪い例では、中央部分のパイプは空気量が多くなるが、両端のパイプは少なくなる。中央部分の発酵は進むが、両端部分は遅れてしまうことになる。

一定の送風量にするには、ブロア部分を頂点にパイプをトーナメント図のように設置する。ブロア部分から二本に、その先をさらに二つに枝分かれさせるように配管すると、どのパイプにも同じ量の空気を流すことができる。

こうした配管が難しい場合は、ブロアとパイプの間にチャンバーという機械を取り付けることで、長さの違うパイプにも同じ空気量を送るようにすることができる。

また、インバーターとタイマーを取り付ければ、送風時間と送風量を同時に調節することができる。

間隔は五〇〜六〇cm以下に

パイプ同士をどのくらいの間隔で設置するかも重要である。間隔が広すぎると、嫌気的な部分ができて品質が揃わないばかりでなく、悪臭の発生源になる。品質そのものも悪くなってしまうので、できるだけ五〇〜六〇cm以下にしたい。

発酵槽の両端には必ず配管する

さらに、パイプは必ず発酵槽の隅（両端）にも敷設する。発酵槽の隅は切り返しや撹拌の操作をしにくい。空気が行き渡らないと嫌気的になりやすく、悪臭の元菌がずっと居続けるようになる。せっかく原料を調製して積んでもこれでは、隅の部分では悪臭の元菌が拡大培養されてしまい、いつもおかしな臭気が漂うことになる。隅にも必

写真4－5　グラインダーで開けた配管パイプの穴とその間隔

ずパイプを敷設しておきたい（図4—10）。

　その他、堆肥の量が増減する場合と耕種農家の堆肥場の配管例を図4—9の下に示しておいたので、参考にしてもらいたい。

パイプの穴は下向きに開ける

　パイプの穴を上に向けたのが原因でトラブルになることがある。上向きにしたために堆肥原料や水が入り込んで、詰まらせてしまうのだ。こうならないよう、パイプの穴は下向きに開ける。下向きに開けても空気はパイプの脇を通って上に抜けていくので、問題ない。

　なお、円筒形のパイプにドリルで丸く穴を開けるのは面倒である。空気が通ればよいのだから、ノコギリやグラインダーなどで溝を切ればよい（写真4—5）。穴の間隔は二〇～三〇cmが無難だろう。

パイプ最終端の空気穴の位置どり

　パイプ端の空気穴を堆肥のどの位置にもってくるかも、意外と大事な点である。必ず堆肥の山がちょうど傾斜し始めるあたりにくるようにする（図4—11）。それより先に空気穴があると、堆肥の圧が軽く空気が抜けすぎてしまうからだ。そのため手前の穴からの空気量が減ってしまう。逆に最後の空気穴が堆肥の山の崩れるところから内側にありすぎると空気が抜けず、その部分の発酵が進まない。

　設計上重要なポイントとして、押さえておいてほしい。

空気量の調整

　実際の堆肥づくりでは空気量の調整がポイントになる。中熟堆肥づくりの三つの工程、一次発酵、二次発酵、養生発酵に対応して空気量は加減する（表4—2）。

　一次発酵では堆積後七～一〇日くらいで品温が六〇℃になるよう空気量を調整する。目安として二～三%程度、堆肥一m³（一〇〇〇L）に対して一分間に二〇～三〇Lの空気を送る程度にする。

　二次発酵では、温度が五〇～六〇℃くらいの間で維持したい。材料によって品温の推移は違うので、六〇℃を超えないよう、しかし五〇℃以下にはならないように空気量の調整をする。その目安が二%程度である。品温が上昇しやすい工程なので、品温管理には気をつける。

　養生発酵は、ゆっくりと水分を飛ばしながら微生物の活動を抑えて、休眠させる。目安としては空気量一%程度で、最終的に水分二〇〜二五%程度にする。

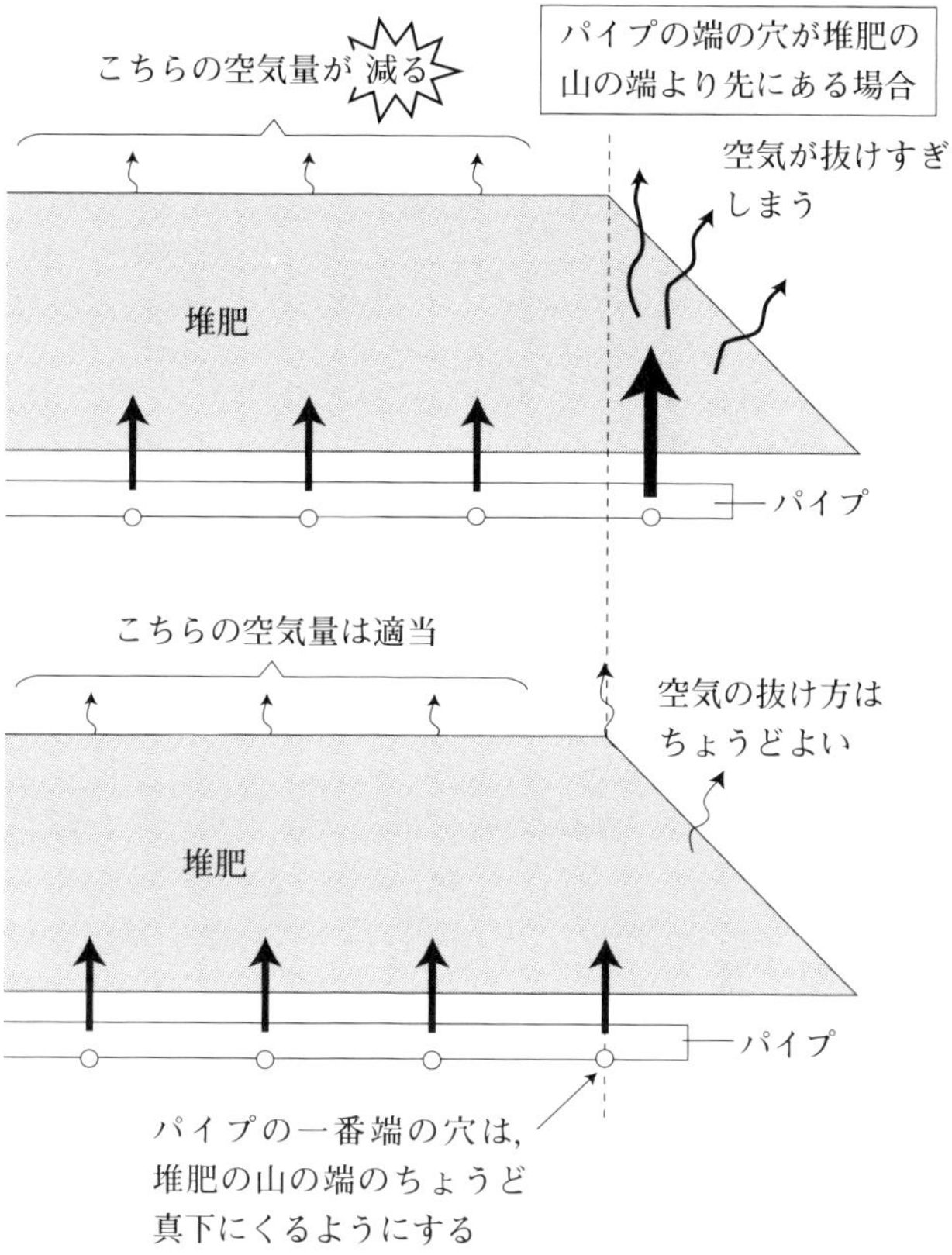
こちらの空気量が減る
パイプの端の穴が堆肥の山の端より先にある場合
空気が抜けすぎてしまう
堆肥
パイプ
こちらの空気量は適当
空気の抜け方はちょうどよい
堆肥
パイプ
パイプの一番端の穴は，堆肥の山の端のちょうど真下にくるようにする

図4−11　設計上，重要なパイプの一番端の穴の位置どり

品温が基本、送風量は臨機応変で

　空気の量は、季節や、その土地の気象条件、日当たりなどを考えて臨機応変に対応する。紹介した空気の量はあくまでも目安である。中熟堆肥をつくるうえで重要なのは、品温の変化であり、品温が基準の温度帯におさまるように空気量などを調整していくことである。

　たとえば、夏と冬では気温が違う。気温が違えばブロアで送り込む空気の温度も違ってくる。夏は空気の温度が高いので、量を絞り気味にしないとすぐに品温が上がってしまう。冬は空気の温度が低いので量を多くすると品温を下げる。このようなことを頭に入れながら、空気の量を絞ったり、送風する時間を変えたりして、品温管理を的確に行なうのである。

●仕上がりの判断

　中熟堆肥づくりは、早ければ四〇日もかからず仕上がってしまう。早いということは、手間などのコストの面で非常に有利な反面、判断を誤ると作物への影響も大きくなる。判断が早すぎて、未熟な堆肥を施用したりすれば、土壌病害虫を増やすかもしれない。またチッソ飢餓を招いて初期生育を悪化させることもある。そのチッソが後半になって効きだして、品質や収量を引き下げることにもなる。

仕上がりの判断がとても大事になる。

品温五〇℃で三週間以上経ったもの

私は、品温が五〇℃以上に上がってから最低三週間は時間を空けたものを使うのがよいと考えている。五〇℃以上に上がってから三週間は経たないと、一次発酵の主役である糸状菌から、二次発酵の主役である酵母菌や納豆菌、放線菌に微生物相全体が移り変わっていかないからだ。

仕上がりの判断の目安

そのうえで堆肥が仕上がったという判断は、臭い、粘り気、色などを目安にする。

家畜ふんやオガクズなど原料の臭いは発酵・分解が進むにつれて減少していく。オガクズの匂いは堆肥を水で洗って、オガクズだけ取り出して判断する。未熟堆肥では、スギならスギの匂いがしっかりする。家畜ふんの臭いはもちろんだ。

しかし、よい堆肥は生のふん臭がしなくなり、縁の下の土の匂いがする。この匂いは放線菌が活躍している証拠とされる。そしてさらに発酵分解が進むとエサが消費されてなくなり、放線菌も少なくなる。そのため完熟堆肥では、意外と土の匂いはしないものである。

堆肥の原料によっては、未熟堆肥の後半で甘ずっぱい匂いがする。米ヌカやデンプン質の原料を多く使うと、糸状菌によってつくられた糖の匂いがしてくるのである。甘ずっぱい匂いがするうちは糸状菌が増殖しているので、まだ中熟堆肥にはなっていない。このような原料の場合は、甘ずっぱい匂いがしなくなったかどうかで判断ができる。

なお、堆肥の品質を見分ける方法としては、118ページの「⑵現物でのチェックポイント」の項も参照。また、撹拌装置のついた発酵槽で堆肥づくりをする場合の臭いの変化を図4―12にまとめてみた。

作付けは投入から三週間後

五〇℃以上に品温が上がってから三週間経てば堆肥を使うことができる。ただし、堆肥を田畑に投入してからすぐに作付けないほうがよい。堆肥とはいえ中熟であり、原料すべてが分解しきっているわけではないからである。

堆肥を投入したら、作付けまで三週間を養生期間として水分を保ったまま

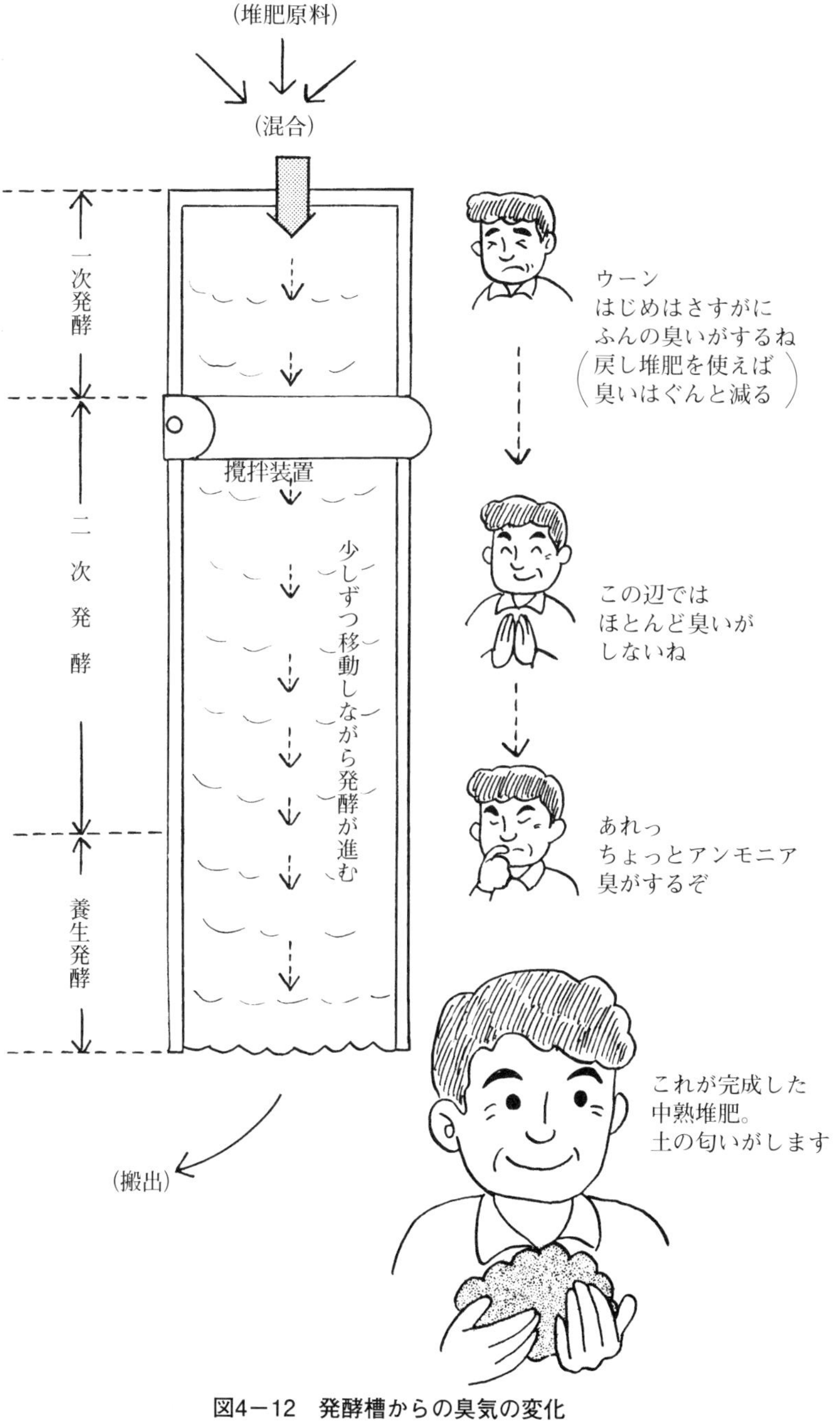

図4−12　発酵槽からの臭気の変化
〜堆肥を送り出しながら発酵を進める方式の場合〜

おいて、**養生処理**するのが中熟堆肥の使い方である(123ページ)。中熟堆肥にもたせた有用微生物をこの間に畑で増殖させるのである。それによって、畑の有機物の発酵・分解が進み、炭水化物が蓄積するとともに、土壌病害を引きおこす有害微生物やセンチュウなどが駆逐される。

雪国などの作付け前の堆肥投入に時間的余裕があまりないようなところでは、雪の降る前に投入することが必要になる。なお、この場合は、春の雪どけにともなってチッソ分などが流亡することがある。

(3) 戻し堆肥の利用

●完成堆肥を原料に加える

よい堆肥をつくるには手間暇がかかる。発酵がうまくいかなかったり、途中で悪臭が発生したり、水分調製もけっこう大変である。そこで、堆肥の原料に完成した堆肥を一部加えて堆肥づくりを行なう方法がある。「**戻し堆肥**」といわれるやり方だ。この方法には次のようなメリットがある。

①発酵が安定する

戻し堆肥では、有用微生物のかたまりともいえる完成堆肥をタネ菌として、堆肥原料に二～三割仕込んでスタートする。有用微生物の数が自然まかせの堆肥づくりに比べ格段に多いので、発酵が安定し、堆肥の完成までの期間を短縮することができる。

②原料の調製がしやすい

戻し堆肥は完成した堆肥なので、水分は二〇～二五％と家畜ふんにくらべて少なく、C／N比は一五～二五程度とオガクズに比べて格段に低い。オガクズを減らしても水分調製に困らず、オガクズよりもチッソが多いので、C／N比の調製もしやすい。

③悪臭を減らせる

堆肥づくりでは、家畜ふんの臭気やアンモニア臭など、悪臭の問題は切っても切り離せない。

家畜ふんの臭いなどは、順調に発酵が進んでいる堆肥場でも、堆積初期はどうしても漂ってしまう。そうした場合、戻し堆肥で家畜ふんをくるむようにして調製すると、悪臭を大幅に軽減できる。戻し堆肥は、悪臭の原因物質を吸着する性質をもっているからだ。

また戻し堆肥によって発酵も安定するので、発酵途中での悪臭も少なくすることができる。

●原料の二～三割を加えるだけ

やり方は、堆肥の原料に完成堆肥を二～三割加えて、あとは水分とC／N比の調製など通常の中熟堆肥づくりと同様でよい。戻し堆肥の量を多くするほど発酵はスムーズに進むが、仕上がり量はそのぶん少なくなる。

戻し堆肥を使った堆肥づくりを行なうと、有用微生物が大量に加わっているので、最初の品温の上昇がきわめて速い。

通常の中熟堆肥づくりでは、五〜七日くらいして品温が上がってくる。ところが戻し堆肥の方法を使うと、堆積後二〜三日でグングン品温が上がってくる。このことを知らないと、品温が六〇℃を超えて、六五℃、七〇℃と高くなりすぎるので注意する。

●戻し堆肥用のタネ堆肥づくり

原料に混ぜる戻し堆肥は、完成している良質堆肥があればそれを使うが、手元になければ、信頼のある良質堆肥を購入して最初だけ利用するか、戻し堆肥のタネ堆肥づくりから始めることになる。

タネ堆肥づくりには米ヌカを使う。米ヌカに水分八〇〜九〇％の牛ふんを混ぜて、全体の水分を五〇〜六〇％に調製する。次いでバチルス菌の多いモミガラやワラを加えて、C／N比を二〇以下に調製する。簡単なエアレーションあるいは切り返しをしながら、六〇℃を超えないように発酵を促す。

最高温度を超えて二次発酵に入ったら、牛ふんを同量入れて、再発酵させる。これがまた完全に発酵したら、今度は同量より少し少なめの牛ふんを混ぜてふたたび発酵させる……、というふうにくり返して、必要な量のタネ堆肥をつくる。できたタネ堆肥を、本番の堆肥材料として使うのである。

なお、タネ堆肥づくりのポイントはスタート時の水分量で、五〇〜六〇％くらいがよい。手で固めて崩れない程度の水分量である。実際には五〇％くらいと低めのほうが失敗は少ない。

●しくじった堆肥もつくり直せる

戻し堆肥の方法は、製造過程でしくじった堆肥を良質堆肥づくりのコースに乗せるときにも応用できる。

たとえば雨水が流れ込んだり、エアレーションのパイプの穴が詰まったりして嫌気的な発酵になってしまった堆肥を良質堆肥でくるんでエアレーションをかけてやると、もう一度好気的な発酵に戻すことができる。大量の有用微生物とその増殖条件を整えることで、しくじった堆肥を良質堆肥に仕込み直すことができるのである。

(4)　機能性堆肥のつくり方

堆肥づくりの基本がわかれば、いろいろな応用も利く。ここではある特定の機能性を高めた堆肥のつくり方を紹介する（表4—3）。

●フザリウム菌、センチュウを抑える放線菌堆肥

土壌病原菌であるフザリウム菌の細胞膜や、センチュウ、コガネムシなど

表4－3　機能性堆肥づくりのポイント

	堆肥づくりにプラスするもの		中熟堆肥づくりに比べて		
	原料・微生物など	量など	品温	水分	エアー量
放線菌堆肥	カニガラ・エビガラ	5％	同じ	同じ	少し多め
納豆菌堆肥	くずダイズ（市販納豆）	5～10％	同じ	同じ	同じ
酵母菌堆肥	酵母菌・砂糖水・米ヌカでタネ菌づくり，さらに米ヌカを加えながら拡大培養してタネ堆肥づくり。タネ堆肥を戻し堆肥として利用		低め（45℃程度）	少し多め	少なめ

の甲虫類の表皮はキチン質でできている。そのキチン質を溶解する酵素であるキチナーゼをもっている放線菌をとくに増やして病害虫の抑制効果を高めたのが放線菌堆肥である。

つくり方は、カニガラやエビガラを好む放線菌がより増殖しやすいように、それらを五％程度堆肥原料に加えればよい。あとは好気性菌である放線菌が増えやすいようにエアレーションを少し強めにかけてやる。

●糸状菌の病害を抑える納豆菌堆肥

身近な微生物の一つである。納豆菌は、タンパク質を分解するプロテアーゼと、センイ（セルロース）を分解するセルラーゼという酵素をもっている。この納豆菌を多く増殖させたのが、納豆菌堆肥である。

その効果は、土壌病原菌の中でも厄介な糸状菌の病害（根こぶ病、立枯病など）に効く。納豆菌堆肥を施用すると残根や残渣など土中に残る未熟有機物をセンイ分解酵素で分解して、同じようにセルロース分解酵素をもっている糸状菌の増殖を間接的に抑える。また糸状菌の体は細胞膜がセルロースでできているので、これも納豆菌の酵素が分解してしまう直接的な効果も期待できる。

くずダイズを五～一〇％混合

納豆菌堆肥は、堆肥原料にダイズ（くずダイズで十分）を五～一〇％ほど混ぜればいい。煮るか、砕いてやると納豆菌がとりつきやすい。

裏技として、市販の納豆を使う手もある。一～二％の砂糖水に納豆を混ぜて、ときどきかき混ぜながら二～三日おいたものを堆肥材料に最初から混ぜるのである。砂糖水は納豆菌に活動エネルギーを供給する。確実に納豆菌を増殖させ、堆肥に取り込みたい場合には有効な方法である。

エアレーションなど他の管理は、通常の中熟堆肥づくりのときと同様でよい。

くずダイズの穀物としての力

ダイズを加えてつくる納豆菌堆肥は力が強い。同じ微生物のエサでもタンパク質の力が違うのだ。なぜなら家畜ふんは家畜のお腹を通って栄養分をとられた、いわばエサのカスであり、カロリーも大幅に低下している。これに対して、ダイズは正真正銘の穀物であり、微生物にとってはエネルギーの高い、申し分のないご馳走となる。だから、微生物の増殖力も大きくなり、ここでいえば納豆菌のかたまりのような堆肥ができる。

そんな堆肥をエサ付きで土に施用するわけだから力も強く、土壌病原菌を抑え込む効果も高いのである。

なお、ダイズの量を増やせば、納豆菌のプロテアーゼによってつくられるアミノ酸の量が増えて、有機のチッソも多くなり、肥料的な効果も期待できる堆肥になる。

●肥料効果の高い酵母菌堆肥

酵母菌を多く含む堆肥をつくることも可能だ。酵母菌はタンパク質を分解して**アミノ酸**をつくる力をもっている。この力を利用して、有機態チッソを多く含んだ堆肥をつくるのである。**「アミノ酸肥料」**と、ふつうの堆肥との間ぐらいの、肥料効果の高い堆肥となる。

低温、嫌気的な条件でつくる

中熟堆肥づくりでは、酵母菌は二次発酵で活躍するが、水分の低くなる養生発酵でその数を大きく減らし、完成した堆肥には非常に少ない。酵母菌堆肥をつくるには、これまでと少しやり方を変える必要がある。

酵母菌は、酒やみそ、しょう油をつくるときに活躍する微生物だ。納豆菌や放線菌に比べて低い温度、嫌気的な条件を好む（通性嫌気性菌）。酵母菌堆肥づくりでは、このようなことを踏まえてつくることになる。

タネ堆肥づくりから

まず砂糖二kgを溶かした砂糖水を二〇〇Lつくり（砂糖一%）、イースト（酵母菌）をスプーン一杯加える。この水溶液と米ヌカ三〇kgを混ぜ合わせて、水分六〇%に調節する。四〇℃程度のお湯を入れたペットボトルを保温剤とし、発酵を促す。これをタネ菌として順次、拡大培養しながら量を増やしていく。

①イーストを加える、②水分を少し多めの六〇%程度にする、③発酵温度を四五℃程度にする（五〇℃を超えない）。この三つが酵母菌堆肥のタネ堆肥づくりのポイントである。

水分五〇%、発酵温度五五～六〇℃という通常の中熟堆肥のつくり方では放線菌や納豆菌の増殖率が高くなり酵母菌の増殖率が低くなってしまう。

低めの品温管理

さらに、タネ堆肥を堆肥原料の三分の一程度になるように調製して、堆肥づくりに入る。C／N比は一二～一五と少し低めにする。水分はタネ堆肥づくり同様、六〇%程度と少し高めにする。こうすることで、有機態チッソを多く含んだ堆肥ができる。

堆肥原料を堆積してからの工程は中熟堆肥づくりと同様であるが、酵母菌を多くするために品温は四五℃程度がよい。現実的には五〇℃を超えない管理を行なう。みそ・しょう油づくりと同様で、低めの発酵温度を維持して、長期熟成型の堆肥づくりとする。

エアレーションは弱めに

またエアレーションは全期間、通常の中熟堆肥づくりより弱くする。エアレーションが強いと堆肥原料の発酵・分解が進み、放線菌や納豆菌が多くなる。空気の供給を少なくすることで放線菌・納豆菌という好気性菌を抑え、酵母菌を増やしていくことができる。

完成までは約九〇日

発酵温度が低く、空気を絞って発酵を進めるので、通常の中熟堆肥（放線菌堆肥、納豆菌堆肥も）より二～三倍は長い期間が必要となる。目安としては九〇日程度で、戻し堆肥（112ページ）を応用すれば、六〇日程度でつくることも可能である。

酵母菌堆肥の特徴は、何といってもその匂い。酒・みそ・しょう油のような匂いがしてくれれば仕上がりである。原料にチッソが多ければみそ・しょう油の匂いがしてくるし、チッソが少なければアルコールの匂いがする。

なお、タネ堆肥づくりのイーストは市販のパン酵母でかまわないが、しょう油の絞りかすに含まれている耐塩酵母などを使うと、発酵が非常にスムーズに進む。耐塩環境のしばりがなくなるからかもしれない。

4．堆肥の選び方

堆肥を購入する有機栽培農家も多い。その場合、どんな判断で堆肥を選んだらよいのか。以下、堆肥購入のポイントを紹介しておこう。

(1) 堆肥工場でのチェックポイント

堆肥は、できれば実際に堆肥をつく

表4－4　堆肥工場でのチェック項目

堆肥の品質／チェック項目	品質よい	品質に疑問	備　考
エアレーションの設備	ある	ない	エアレーションなしでは大量の良質堆肥製造は難しい
木質原料の形状	細かい	粗い	オガクズ以外のモミガラやバークの場合でも粗いものより細かいもののほうがよい
木質原料の例	オガクズ	カンナクズ プレナクズ	
堆肥原料の水分調製	している （50～60％）	していない （勘で，不明）	堆積した原料の山裾に液はしみ出していないか
堆肥原料のC/N比	調製している （15～25）	調製していない （わかっていない）	C/N比の言葉を知らないこともある。だからといって品質が悪いとはいえない
品温管理	している	していない （勘で，不明）	堆肥の山に挿してある温度計を自分の目で確認する
品温の上限	60℃程度		
アンモニアなどの悪臭	少ない	多い	アンモニア臭がきついところは難分解性有機物が残っている懸念がある
ハエ	少ない	多い	品温の上昇が不十分で，発酵にムラがあると多くなる

っている現場を見て購入したい。以下のチェックポイントは、私も堆肥工場などで行なっている品定めの仕方である（表4―4）。

●エアレーション施設が入っているか？

堆肥を製造販売しているような工場では、まずエアレーションがきちんと入っているかどうかがポイントになる。堆肥工場で大量の原料から大量の堆肥を継続して製造し続けるためには、エアレーションは必須の設備だからである。

●C／N比を把握しているか？

堆肥原料は微生物に分解されやすいよう調製されていなければならない。その目安となるのがC／N比である。

「堆肥の原料のC／N比はどのくらいで調製しているんですか」と堆肥工場で聞いてみることである。聞いてみて一八～二七くらいの間であればOK。

写真4－6　自送式の撹拌機のある堆肥工場

しかし、C／N比という言葉自体わからないという経営者もいる。百歩譲って、原料と、その配合の割合を聞き出すことができれば、C／N比を計算できる。

C／N比を知らなくてもよい堆肥をつくることはできるが、違う原料を使い始めたときは堆肥の質が変わることもあるので注意が必要である。再度、配合の割合を聞くことが大切である。

●家畜ふんと混ぜている材料の形状が細かいか？

家畜ふんと混ぜる材料はオガクズやモミガラ、バークなどである。これらの形状のチェックも大切なポイントである。粗いものより細かいものほど表面積が大きくなるので、微生物の分解も容易になる。

形状の大きな粗いものを家畜ふんと混ぜて積み上げると、空気の通りはよいので、品温も急激に上がる。そんな現場を見て、順調な発酵をしているからよい堆肥ができると思ってしまいがちだが、そうではない。

ふんなどの易分解性の有機物の発酵が急激に進んでも、肝心のオガクズやバークなどの分解は進んでいない。しばらくすると熱も上がらなくなり、オガクズやバークの分解が十分進んでいない未熟堆肥になる。

●発酵温度が適正域内か？

発酵温度の管理は堆肥をつくる場合にはとくに重要である。発酵槽ごとに品温を管理していたり、堆肥の山に温度計を突き刺している堆肥工場も多い。

堆肥の品温がどのくらいなのか確めることで堆肥の質を判断できる。聞くだけでなく、温度を測ってみること。重要なのは、品温の上限、最高温度を何度に設定しているかである。中熟堆肥づくりの品温設定に準じたものであれば不安はないだろう。

（2）現物でのチェックポイント

現物を調べる方法には、発芽テストなどいくつかある。もちろん堆肥工場で行なうこともできる。先の堆肥工場でのチェックポイントと組み合わせれば、より確実な判定法になる。

●堆肥の臭気、湿り気、粘り

ふん臭があるようでは堆肥として落第。湿り気で判断するのは、乾燥の仕方でいかようにも調製できるので、あまり当てにならないが、水を含ませたときにふん臭がするようではよい堆肥とはいえない。

粘り気は発酵が進むほど少なくなってくる。水分が発酵の過程で飛ぶのと、有機物が分解して、より小さな分子になるためである。べたべた粘り気があるようでは発酵が不十分で、分解は進んでいないとみてよい。

●堆肥を洗ってみる

完成した堆肥を水に浸けて、両手の手のひらで揉むように洗ってみる。色は黒くよい堆肥のように見えたのが、洗ってみるとオガクズやバークなどがかたまりで残っていることがある。匂いをかいでみれば、まだ素材の匂いがする。そのような堆肥は未熟状態なので使ってはいけない。

●堆肥のかたまりを割ってみる

かたまり状の堆肥を割って、中の様子を見る。かたまり全体が同じような状態ならよいが、中には真ん中の部分の色が違い、ふん臭が残っていることもある。そのような堆肥は発酵が不十分と判断できる。

また、堆肥に含まれているオガクズやバーク、ワラなどがどのくらい崩れやすくなっているかも、チェックポイント。

オガクズは指でつぶしてみる。発酵が進んでいればぺしゃっとつぶれる。つぶれずに形が残るようならまだ発酵分解の途上で、よい堆肥とはいえない。

バークやワラなどであれば、引っ張ってみる。簡単に切れたら、センイの分解がかなり進んでいる証拠。相当に力を入れないと切れないのは、センイの分解はまだ不十分な堆肥、ということになる。

●熱湯を注いで様子を観察

熱湯を注いで様子を見るのは、私が堆肥やアミノ酸肥料の品質について調べるときに行なう方法である。

コップ（耐熱性のもの）に堆肥を入れ、そこに熱湯を注ぐ。しばらく熱湯の対流によって堆肥が撹拌された状態になる。そのまま放置しておくと、対流が収まって、液が黒っぽくなり、底に沈殿物がたまってくる。この状態、堆肥の溶け方を観察するのである。

写真4―7左が一番良好な堆肥。よい堆肥の特徴としては、液面に浮いているゴミの量が少ないこと、液の色が濃いこと、コップの底にたまっている堆肥と上の液との区分が明確でなくグラデーション（濃淡の滑らかな変化）があること、である。

中央は、まだ十分発酵が進んでいない状態の堆肥。温度でいえば堆肥原料の品温が五〇℃くらいの状態のもの。ゴミが浮いていること、液の色がまだ十分濃くなっていないこと、コップの底の堆肥と上の液との境がよくわかる

写真4－7　堆肥品質の判定法
コップに堆肥を入れて熱湯を注いで様子を見る。左端のようになるのがよい

青草堆肥
──使うなら河川敷の草がよい

家畜ふんではなく、河川敷の草や沼辺のアシやヨシなどを積んで堆肥をつくり、田畑に入れている農家もいる。しかしこのような「青草堆肥」を使っていても、うまくいく人もあれば、いかない人もある。

＊

私の実感では、どうも河川の土手草や湖のヨシなどを堆肥に積んでいる場合は、よい成果が出ている。反対に、圃場の中の草を堆肥にしている場合は、思うような成果が出ていないようだ。その違いは、草の生えている場所（土）の石灰や苦土、**微量要素**などにあると見ている。つまり、河川敷の草は上流からミネラルなどの養分が流れてきて堆積した土に育っている。この草を使えば、ミネラルも十分含まれた堆肥になる。

ところが、減反田や休耕地は、施肥などしないから土の中の養分やミネラルが徐々に減っていく。当然そこに生える草のミネラル分も少なくなり、ミネラルも養分も貧弱な堆肥しかできない。

＊

また、青草堆肥をつくる農家はタネがつく前に刈ることが多いが、その頃だとちょうどC／N比も一二～一五前後になっており、堆肥材料として調製なしでも発酵が進む。しかも積んだ草と草の間に隙間があるので空気の通りはよいし、雨水もたまりにくい。そのため好気的な発酵を進めることができる。またこうした青草には、土壌団粒をつくったり病原菌を抑えたりするバチルス菌や、セルロース分解菌などもいてセンイを分解し、豊富な水溶性炭水化物をつくって作物に供給してくれる。河川敷の草には、よい堆肥をつくる条件が揃っている。

こと、が特徴である。

右はまだ生に近い状態の堆肥で、堆肥原料を積んで時間があまり経っていない状態である。液の色が薄いことが、堆肥原料の分解が進んでいないことを示している。

この方法のポイントは第一に液の色。色が濃いほど発酵・分解が進み、液状化が進んでいる。第二は、コップの底の堆肥と上の液との境の濃淡の幅が広いこと。堆肥が発酵の過程でつくり出す水溶性の物質が多様に含まれていることを示している。

有機栽培で効果の高い、中熟の後半くらいの堆肥ならば、写真の左のような状態になる。

5．堆肥の使い方

(1) 堆肥の効かせ方のポイント

●アミノ酸肥料と一緒に施す

堆肥は初期肥効が弱いという特性をもっているが、一方で、炭水化物をもっている。これを根から直接吸わせることができれば、初期生育を強く、安定させることができる。そこで、堆肥のなだらかな初期肥効を補うために、私はチッソ肥料であるアミノ酸肥料を元肥に施用するように勧めている。堆肥をアミノ酸肥料と一緒に元肥として施すことで、両者の弱点をカバーし、長所をいかすのである(80ページ)。

●カリ・リン酸・石灰過剰に注意

堆肥は土つくりのための資材だが、作物を栽培するうえで気をつけなければならないのが、その肥効である。たとえば堆肥のチッソ分は少ないとはいえ、一t、二tと投入されれば簡単に一〇kgや二〇kgは入ってしまう（チッソ含有率一%でも一tで一〇kg）。このチッソがどのように効くのか、おおよそのところを見極めておかないといけない。

また、堆肥は、原料の家畜ふんに由来するカリも多い。牛ふん堆肥で一～二%、豚ぷん堆肥で二～三%くらいは珍しくない。

したがって、全体の施肥設計をするときに、これらを組み込んで行なわないと失敗する。堆肥は土つくり資材だから施肥設計に入れないでも大丈夫と考えたら大間違いなのである。カリが多すぎて石灰が効かず、生育が軟弱に

写真4－8　堆肥の入れすぎで石灰とリン酸の過剰害が現われたホウレンソウ

なったり、カリの過剰害も心配になる。ほかにも、たとえば採卵鶏の鶏ふんを使っていれば、リン酸や石灰の過剰も心配される。堆肥の成分に注意を払っておくことである。

●堆肥をマルチする方法も

　堆肥を土中に入れず地表面に施用する「堆肥マルチ」という方法がある。自然界の落ち葉が自然に分解して上から土をつくっていくのと同じように、堆肥も土をマルチして成果を上げようというものである。これだと、土中に入れては都合の悪い、少々未熟の堆肥でも、使うことができる。

　また、地上部の病害を抑える効果があることも経験的にわかってきた。たとえばうどんこ病が減ったという事例が多く寄せられている。

　糸状菌の仲間であるうどんこ病菌の体はセルロースでできている。どうやら中熟堆肥に多く含まれている納豆菌が風に乗るなどして広がり、持ち前のセルロース分解酵素を使って、うどんこ病菌を抑えているのではないかと考えている。

(2) 中熟堆肥の施し方

●残渣を上手に土に返す

　田畑の土には収穫後もいろいろな有機物が残る。作物の収穫残渣や残根である。これらの有機物はかなりの量にのぼる。これらの有機物は最終的には分解して、作物の栄養となったり腐植となったりして、作物栽培を支える。その一方で、土の中の土壌病原菌やセンチュウなどにとっては格好のエサとなり、被害を招くこともある。

　収穫残渣・残根を上手に土に返すことは、土壌病害虫から作物を守るためにも重要だが、これに役立つのが、納豆菌や放線菌の豊富な中熟堆肥である。納豆菌や放線菌がもっているセンイやタンパク質を分解する力をいかして、残渣や残根をいち早く分解してしまおうというのである。

●根張り一〇cmに一t

有用微生物を広げ、土壌病害虫を抑制するためには、どのくらいの量の堆肥を、どのくらいの深さまで投入すればよいだろうか。

私は、作物の根張りの主要範囲によって堆肥量を変えればよいと考えている。一〇cmの深さに対して一〇a当たり堆肥一tという目安である。葉物であれば一〇cmの深さに一t程度、果菜であれば二〇〜三〇cmの深さに二〜三t程度である（図4―13）。

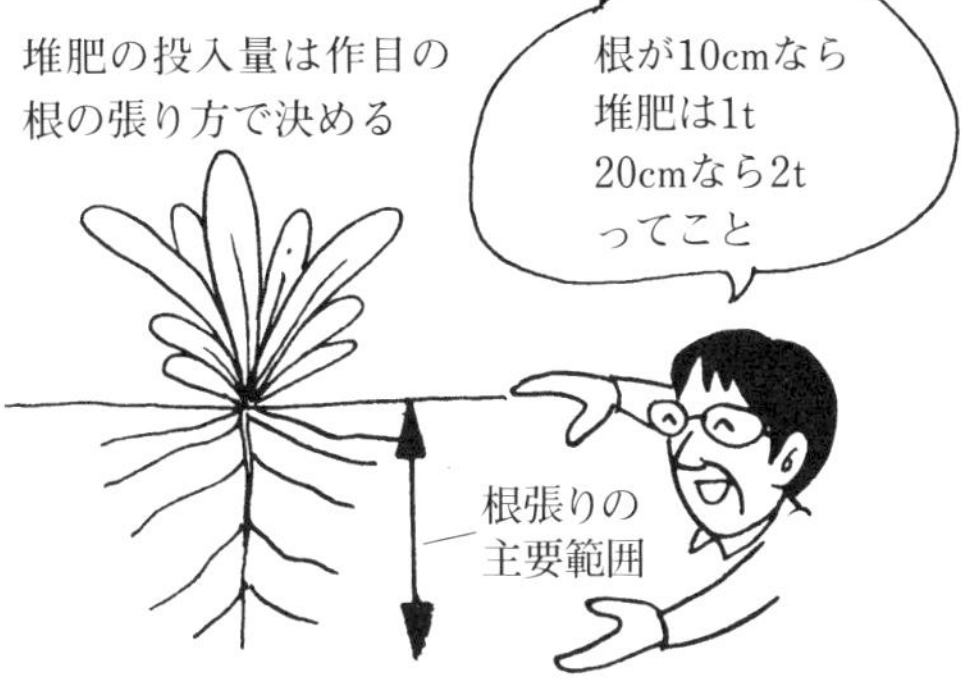
堆肥の投入量は作目の根の張り方で決める
根が10cmなら堆肥は1t 20cmなら2tってこと
根張りの主要範囲

図4－13　基本は根張り10cmで堆肥1t

ただし、堆肥にはカリをはじめとしてさまざまなミネラルが含まれているので、施肥設計で過剰症を招かないよう注意する。

●養生期間を設けて、よい菌を土に広げる

中熟堆肥施用の、もう一つ大事なポイントは、有用微生物が増える時間を確保することである。

有用微生物が土の中に広がって、土壌病害虫を抑え込む十分な勢力を確保するまでの期間を「養生期間」（110ページ）と呼んでいるが、その期間を過ぎるまで作付けを待つことが大事なのである。

ではどれぐらいの期間を見込んでおいたらよいだろうか？

ここで注意することは、土に十分な湿り気をもたせることである。

完成した堆肥は水分二五％程度で、微生物を眠らせている状態である。微生物は土の水分で目覚めるので、おこすには適当な湿り気が必要なのである。その程度は、耕耘後に三五〜四〇％くらい(注)の水分が必要と見ている。露地なら降雨による水分確保ができるが、雨の入らないハウス栽培では、土が乾いていれば、かん水も必要になる。

また微生物が活動をつづけるための地温として、一五℃以上は確保したい。

養生期間は、適当な水分（三五〜四〇％）と温度（地温一五℃以上）がある場合、三週間程度（二〇〜三〇日、積算温度で八〇〇〜九〇〇℃）と見ている。

(注) 水分三〇〜四五％の判断は土によって違ってくるので、最初はpFメーター（一万円くらい）で測定を重ねながら判断できるようにしたい。

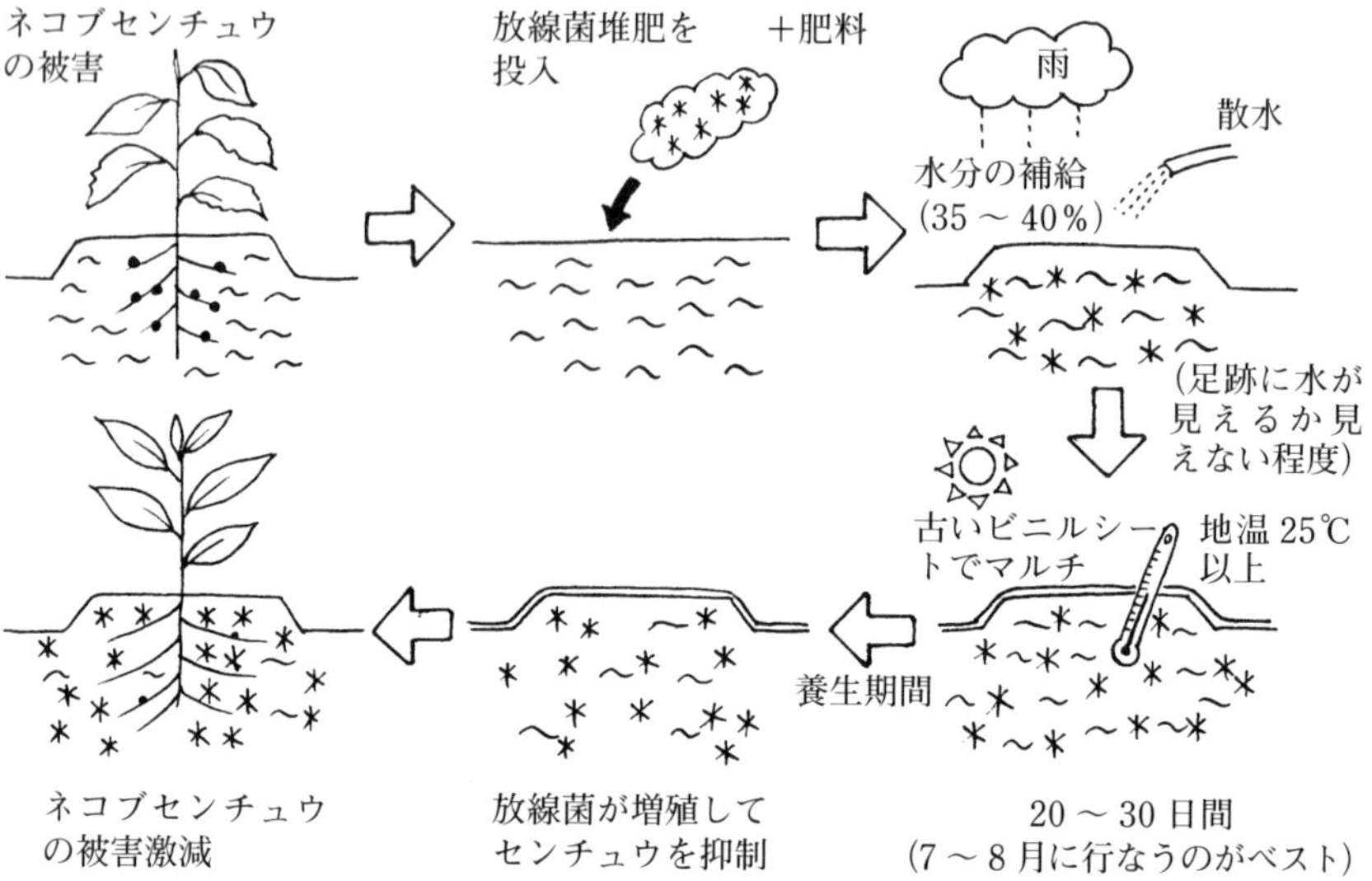

図4－14　センチュウ害に対する放線菌堆肥の養生処理

(3) 土壌病害虫を抑える「養生処理」

●機能性堆肥の出番

中熟堆肥はエサ付きで有用微生物が多いので、土壌病害虫を抑える効果がある。しかし現に土壌病害虫に悩んでいる圃場では、効果も十分とはいえない。

そうした場合に、土壌病害虫対策用に機能を高めた、放線菌堆肥や納豆菌堆肥などが有効だ（113ページ）。

図4－14はネコブセンチュウに対する放線菌堆肥の処理方法だが、ポイントは、①対象土壌病害虫に対抗できる機能性堆肥を使い、②適度な水分状態と温度を保ち、③養生処理の期間を守る、ことである。この方法を、私は機能性堆肥を用いた「養生処理」と呼んでいる。

●太陽熱消毒とは違う生物的な防除

この養生処理と、太陽熱消毒との違いは、太陽熱消毒が熱という物理的なエネルギーによる防除法であるのに対して、養生処理が有用微生物の勢力拡大を図る生物的な防除法であるということだ（表4－5）。

そのため、養生処理を行なっていると土もだんだんよくなるし、有機栽培の効果も相乗して、一～三年で土壌病害虫の問題を克服できる。

ただ、被害がかなりひどいと投入量を多くするためにチッソ量も多くなる。そんな場合には、別の作物（多チッソ栽培が可能なものがいい）を何作か間に挟んで、問題がなくなってから改めて目的作物をつくる。

●ハウスでは太陽熱利用の養生処理
――処理後三週間で土が変わる

この方法はハウスでは太陽熱が利用できる。機能性堆肥を施用してハウスを密閉するのである。こうするとハウスの中は地表面が六〇℃くらいに、一〇cmの深さでも五〇℃くらいに温度が上がる。この温度は、ちょうど中熟堆肥づくりの二次発酵の温度と同じである。土の中は酵母菌や納豆菌、放線菌がさかんに増殖し、センイ分をさらに分解して栄養源である炭水化物をつくり、それをエサにさらに活気づくというサイクルが生まれる。おかげで、有害な土壌病害虫を抑制することができる。

土壌病害を招く菌や害虫は、五〇℃、

写真4－9　根こぶ病が発生していたキャベツ畑で養生処理を実施，症状が改善したキャベツ(右の株)

表4－5　太陽熱消毒と養生処理のちがい

	太陽熱消毒	養生処理
投入資材	石灰チッソや有機物	機能性堆肥（土壌病害虫に応じて微生物を変える）
散水量 / 水分	湛水状態 (土壌還元消毒)	足跡に水が見えるか見えない程度 (水分 35 ～ 40％)
効　果	土壌病害虫と土壌微生物の死滅	放線菌などの有用微生物の増殖と土壌病害虫の抑制
効果の継続性	毎年行なう必要	年々効果が上がり3年で完了
欠　点	○ハウス栽培に適するが，露地栽培では効果が落ちる ○期間中の天気が悪いと土壌深部での効果が不安定	堆肥を多投する場合の養分過剰問題(→作物の選択で回避)

写真4－10　土が乾きすぎないようにするのは有機栽培のポイント

ハウス全面にモミガラを敷き，適宜散水して湿り気を与えているホウレンソウ
（写真提供　農事生産組合野菜村）

六〇℃という温度は苦手なものが多い。勢力を急速に拡大する堆肥由来の有用微生物群に対抗できず、勢力争いに負けてしまうというわけである。

この状態をおよそ三週間（積算温度で八〇〇〜九〇〇℃）続ければ、土壌病害虫が抑えられるとともに、さらさらとして水はけのよい土に変わる。これは太陽熱処理の過程でできた水溶性の炭水化物（セルロースなど）が団粒構造をつくりあげるからだと考えている。

冬場でも日射があれば行なえるが、処理日数を三〇日以上（最低でも積算温度クリア）に延ばす必要がある。熱はあまり上がらないが、効果はある。

有機物の分解が進み、土壌病害虫を抑制し、土の物理性をよくするこの方法で、各地のハウス農家が大きな成果を上げている。

（4）化成栽培から有機栽培へ切り替えるときの留意点

●化成栽培の硬い土を改良する

化成栽培を長く続けると、有機物の施用が少ないために土壌団粒が発達せず、土が硬く締まってしまう。通気性も悪く、水はけも悪いので、作物の生育は思わしくない。

このような土で有機栽培を行なって安定した成果を上げようと思えば、良質堆肥をしっかり投入して、通気性や保水性・排水性といった土の物理性を改良していくことが、何よりも重要な事柄になる。

●有機のチッソに頼りがち

しかし、このような堆肥による土の物理性の改良は手間と時間がかかるために、有機栽培を始めた当初はとくに、アミノ酸肥料やボカシ肥などの有機のチッソ肥料に頼って有機栽培を進めていくことが多い。しかも、このようないわば化学性の改良によっても一〜二年は有機栽培による成果が上がるものだから、堆肥による物理性の改良からはますます足が遠のいてしまいがちになる。

●長続きしない有機栽培の成果

ところが、このような有機のチッソ肥料による成果は長続きしない。有機の資材であっても、C／N比の低い資材では土を締めてしまいがちで、土の物理性を悪化させてしまうからである。物理性の悪化した土ではいくらよいボカシ肥を施用したとしても、よい成果は期待できない。

私の経験からいうと、アミノ酸肥料やボカシ肥のようなチッソ資材に頼った施肥では、成果が上がるのはせいぜい三年である。その後は、収量・品質は頭打ちとなり、病害虫の発生に悩まされることになる。有機栽培の頭打ち現象である。

●堆肥後まわしによる失敗

化成栽培から有機栽培へ切り替えるときにおきがちなのが、以上のような堆肥後まわしによる失敗である。

有機栽培の土つくりを考えていくさいに重要なのは、土つくりの優先順位をしっかり意識することである。それは、土の物理性をしっかりと整え、その上で生物性を考慮し、さらに化学性をつけ加えていくことが大切なのである。

もっとも重要な物理性の改良に役立つ堆肥の施用を後まわしにしては、よい成果を上げ続けることはできないということである。

●物理性が改善されるまでの手立て

しかしそうはいっても、たくさんの良質堆肥を施用することができる農家は多くはない。それに、堆肥にもチッソやカリなど肥料養分が含まれているので、むやみに多く入れるわけにはいかない。

そこで、物理性が改善されるまでは、とくに排水性や通気性を保つための手立てが大切になる。

有機栽培に切り替えた当初は、良質堆肥をかなり入れても、団粒構造をつくるはずの水溶性の炭水化物が作物に吸収されて（それで作物の生育自身はよくなるのだが）、土は締まってしまう。栽培期間の長いものだと、作の途中でも土が締まったようになり、最初はよかった水はけが、途中で悪くなってしまうことがある。土の団粒構造が発達してくるまでは、うねを高くして、水はけをよくしておくことが大切である。

●物理性改良には時間がかかる

有機栽培に限らないが、「地力」を高めていくには、有機物が団粒や腐植の形で土の中に残っていかなければならない。この腐植は三％はほしいのだが、この数字は半端な量ではない。耕土二〇cm、土の比重を一とすると、一〇a当たり二〇cmの耕土の重さは二〇〇t。その三％ということは六tである。これだけの量を毎年維持していくのは容易ではないのである。

土の物理性の改良は一朝一夕にはできない。良質堆肥を入れても、その年に団粒構造が急速に発達するわけではない。とくに有機栽培の場合は、前述のように水溶性の炭水化物は作物に吸われてしまい、土にあまり残らないので、腐植としてそれらが残るようにするには、有機栽培の切り替え時に相当量の良質堆肥が必要になるし、毎年ある程度の量を補充することが大切なのである。

第5章

生育の調整役のミネラル肥料

苦土がしっかり効くと厚くてツヤのある葉となる（写真はレタス）

（写真提供　有機栽培あゆみの会）

1. ミネラル肥料とは

(1) 三番目の肥料

表5―1は、植物の体の中で肥料養分がどのような役割をはたしているかをまとめたものだ。チッソ以外はすべて**ミネラル**だが、植物体内でさまざまな働きをしていることがわかる。

またここにある役割以外にも、苦土は葉緑体の中心物質だし、リン酸はエネルギーをつくり出すうえでなくてはならないものだ。また、鉄は呼吸に関わっているし、亜鉛は細胞分裂に関わる、……というように、ミネラルは体の組織の一部に使われたり、細胞内のさまざまな化学変化に関わっている(21ページ)。

写真5―1　苦土がしっかり効くと双葉や豆葉が収穫まで枯れない(コマツナ)
(写真提供　有機栽培あゆみの会)

だからこのミネラルが不足するような事態、たとえば根腐れで吸収できない、土の中になくなる(少なくなる)ということになれば、作物のメカニズムが働かなくなり、収量や品質の低下を招くことになる。ミネラルなしに作物は生きていけないのである。

●気づきにくいミネラル不足

有機の場合、とくに土にたくわえられていたミネラルの消耗が早く、十分に吸収できなくなると、それまでの収量・品質が得られなくなってくる。しかしこれまでは、このような**頭打ち現象**がミネラルの不足によっておきているということに気づいた**有機栽培農家**は多くはなかった。チッソの不足に比べると、ミネラルの不足は気づきにくいのである。

ミネラル不足は、そうと指摘されて半信半疑で施用して初めて気づくことが多い。そしてそれまでの不振がウソのような生育や収量品質を目の当たりにして、ようやくミネラルが不足していたことがわかるのである。

●過剰もこわい

ミネラルが不足しがちといっても、

表5－1　各要素の働き

作用＼要素	チッソ N	リン酸 P	カリ K	石灰 Ca	苦土 Mg	ケイ素 Si	イオウ S	マンガン Mn	ホウ素 B	鉄 Fe	銅 Cu	亜鉛 Zn	モリブデン Mo	ナトリウム Na	塩素 Cl	ゲルマニウム Ge
根の発育促進	○	○	○	◎	○		○	○	○	○			○	○		○
茎葉の健全強化	○	○	○	◎	◎	○	○	○	○	○	○	○		○	○	○
根腐れ・芯腐れ・空洞化防止		○		◎	◎*			○	◎	◎						
病害抵抗力強化	○		○	○	◎	○		○	○	○	○	○		○		
隔年結果の防止		○			◎			○	○	○	○			○		
デンプンづくり促進	○		○	○	◎	◎		○						○		
糖づくり促進	○	○		○	◎			○		○				○		
個体重量の増加		○	○		◎	○	○	○						○		○
貯蔵力の増加		○			◎	○		○	○					○		○

＊　直接の原因ではないが，あると根腐れなどを予防できる

なお，図解ページの「生命活動を支える酵素とミネラル」の表も参照 (21ページ)

写真5－3　鉄欠乏のピーマンの根

深く伸びることができず，地表をはうような根ばかりになってしまう

(写真提供　有機栽培あゆみの会)

写真5－2　ホウレンソウのホウ素欠乏

(写真提供　有機栽培あゆみの会)

写真5－4　養分の過不足は雑草にも現われる
写真はナシ園の雑草・オオバコに見られた鉄欠乏

写真5－5　マンガン過剰のナスの葉
(写真提供　有機栽培あゆみの会)

多く入れればいいわけではない。ミネラルには欠乏症ばかりではなく、過剰症もある。しかも、ミネラルが不足しているのが気づきにくいのと同様に、過剰であることにも気づきにくい。とくに**微量要素**の過剰は、植物が吸収する量が微量なので、いったん蓄積すると減らすことが難しい。

　有機栽培では家畜の飼料由来の過剰症がおきることがある。たとえば、採卵鶏の鶏ふんを利用した堆肥を使っていて、石灰過剰がおこることがある。そのためには、土壌分析をして土の中のミネラルの過不足を知って、施用量を決めていくことが大切である。

●肥料として位置づけ直す

　有機栽培だから、有機質の肥料だけを使えばいいとか、堆肥を使えばいい、というのでは安定した栽培はおぼつかない。植物の生命をさまざまなところで支えているミネラルが十分に供給されてこそ、安定した有機栽培が可能になる。

　つまり、有機栽培の三つめの柱として、ミネラルを肥料としてきちんと位置づけることが大切である。土壌改良材的な施用ではなく、作物の必要量をきちんと把握して施す肥料としてミネラルは位置づけなければならない。

(2)　生育の舵取り役

●三つのタイプに分けられる

　第3章、第4章で述べてきたように、有機栽培では、細胞をつくる資材としてアミノ酸肥料、センイをつくる資材として堆肥を、それぞれ位置づけてきた。肥料としてのミネラルも、その用途は大きく細胞づくりとセンイづくりに分けることができる。さらにそれを、「生命維持系」と「光合成系」と「防御系」の三つのタイプに分けることができる。

「生命維持系」のミネラル

まず、細胞づくりに関わる**ミネラル肥料**として、「生命維持系」のミネラルがある。これは呼吸や運搬、変化など生命活動全般にからむものであり、鉄を中心にマンガンや銅などがある。

「光合成系」と「防御系」のミネラル

また、センイづくりに関わるミネラル肥料として、「光合成系」と「防御系」の二つを考えている。

このうち「光合成系」は**光合成**に関係するミネラルとして、苦土（マグネシウム）を中心に鉄やマンガンを、「防御系」は作物の表皮を硬くしたり、病害虫や物理的な力から体を守るものとして、石灰（カルシウム）を軸に銅やケイ酸（ケイ素）、ホウ素がある。

マンガンや銅は、細胞づくりにもセンイづくりにも関わっているが、これはそれぞれ異なる**酵素**として働いているからである。

●有機資材連関図

ところで、図5—1は有機栽培の基本となる三つの資材を、「細胞づくり」「センイづくり」という視点から整理した連関図である。

ベースのチッソ肥料はアミノ酸肥料と堆肥が担う。アミノ酸肥料はチッソ分を多く含み（**C／N比**が低い）、作物のタンパク質の原料となるので、細胞づくりの資材と位置づける。堆肥は、原料によって幅があり、鶏ふん堆肥のようにチッソ分の高いものは、細胞づくりの資材として位置づけられるし、オガクズやモミガラなどを多く原料としている堆肥は、センイづくりの資材になる。堆肥はその原料のC／N比で幅がある。

ミネラル肥料は三つに分けたうち、「防御系」はセンイづくりに位置づけられるが、「光合成系」と「生命維持系」は細胞づくりとセンイづくりの双方に関係している。もっとも「光合成系」はセンイづくりの側に、「生命維持系」はどちらかというと細胞づくりの側に比重を置いているが（図5—1の各グループの丸い範囲）。

ところでこの図5—1が有機栽培の施肥を考える際にとても便利なのである。

●有機の資材の使い方の検討から

有機栽培では、細胞づくりとセンイづくりを同時にバランスよく行なっていくことが大切である。つまり、細胞づくりの資材とセンイづくりの資材をバランスよく使うことである。

しかし、実際の栽培の場面では、このバランスが崩れていて、しかもその崩れていることに気づかないことが多い。

農家は一戸一戸、使っている資材が違う。牛ふん堆肥を使っている農家もあれば、鶏ふんが安く手に入る農家もある。堆肥が入手しづらいので、市販の**発酵**有機肥料を中心に使っている農家もあるだろう。さらにそれ以外の資材もさまざまに組み合わせて栽培している。この資材連関図は、その当否を検討したり、課題を探ったりするときに使うことができ、問題を解決するときに大いに役立つのである。

(3) 必要なミネラルを見つける

●資材連関図を使った対角線法

実際には次のように使う。

まず、検討する圃場のチッソ施肥の位置を見る。「チッソ施肥の位置」というのは、施肥するチッソ資材が細胞づくりタイプなのか、それともセンイづくりのタイプなのか、さらにいえばそのそれぞれのタイプの中でも、どの程度細胞づくりの力、センイづくりの力が強いのかを、定めておくことだ。この場合、そのチッソ資材（**アミノ酸肥料**もしくは堆肥）のC／N比がわかるなら「一二」を境にして、これより小さければ細胞づくり（図の左側）に、大きければセンイづくり（図の右側）の側にその施肥チッソの位置を定める。私の「**施肥設計ソフト**」を使っていれば、その値を勘案すればよい。

正確にC／N比がわからなくても、自分の有機のチッソ肥料や堆肥の素材や作物の育ちを手がかりに、おおよその見当をつければよい。

たとえばオガクズやバーク、モミガラといったセンイ質の原料を使った豚ぷんや牛ふん堆肥で、生育にチッソ過多の兆候が見られなければ、センイづくりに比重があるし、同じセンイ質が多い堆肥でも、多投していて生育が徒長気味、葉色も濃く、病害虫も多め、というなら、細胞づくりに比重があるということになる。前者の場合は図の右側だが、後者は左側にくる。

あるいは、鶏ふん堆肥を使っている、また、堆肥は入手しづらいので発酵有機肥料を購入して使っていたら、チッソ分が多いので、細胞づくりに比重がきて、位置は図の左側になる。

このように使っている有機のチッソ資材と作物の生育から、ベースとしてのチッソ施肥の位置を、細胞づくりの側か、センイづくりの側かをまず確認するのである（くり返すが厳密でなくてよい）。

そしてベースとしてのチッソの位置が決まったら、次に、そこから反対項目めがけて対角線を引く。これで準備完了。ここから私が「対角線法」と呼ん

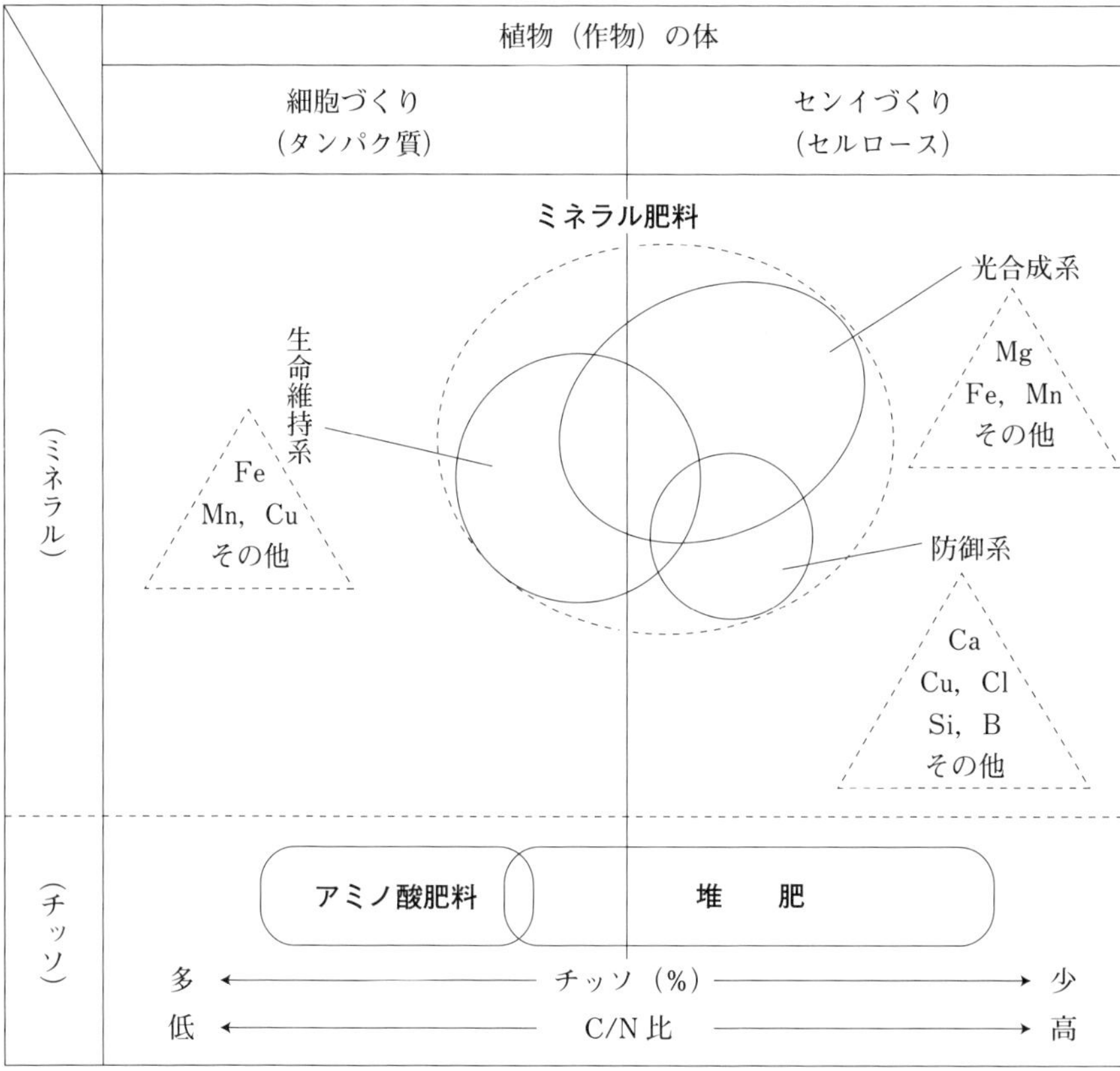

図中の元素記号：Mg（マグネシウム，苦土），Fe（鉄），Mn（マンガン），Ca（カルシウム，石灰），Cu（銅），Cl（塩素），Si（ケイ素），B（ホウ素）

図5－1　有機栽培の3つの資材の位置づけ（有機資材連関図）

でいる施肥内容の検討が容易にできる。

●細胞づくりに片寄っていれば……

たとえば、アミノ酸肥料と鶏ふん堆肥といったチッソが多い資材を使っているなら、対角線は、左の細胞づくりの位置から右上へ引かれる（図5―2）。そしてこの線は、ミネラル肥料のセンイづくりの側にある「光合成系」と「防御系」を通ることになる。このような栽培で陥りやすいミネラル施肥の課題が、光合成系と防御系にあるのだが、そのことが資材連関図に対角線を引くことで見えてくる。つまりこの栽培では光合成系と防御系のミネラルがきちんと効いていることが必要なのである。

果菜などで奇形果が多い、糖度が出ない、日持ちが悪い、軟弱な生育で病害虫が多い、といったような

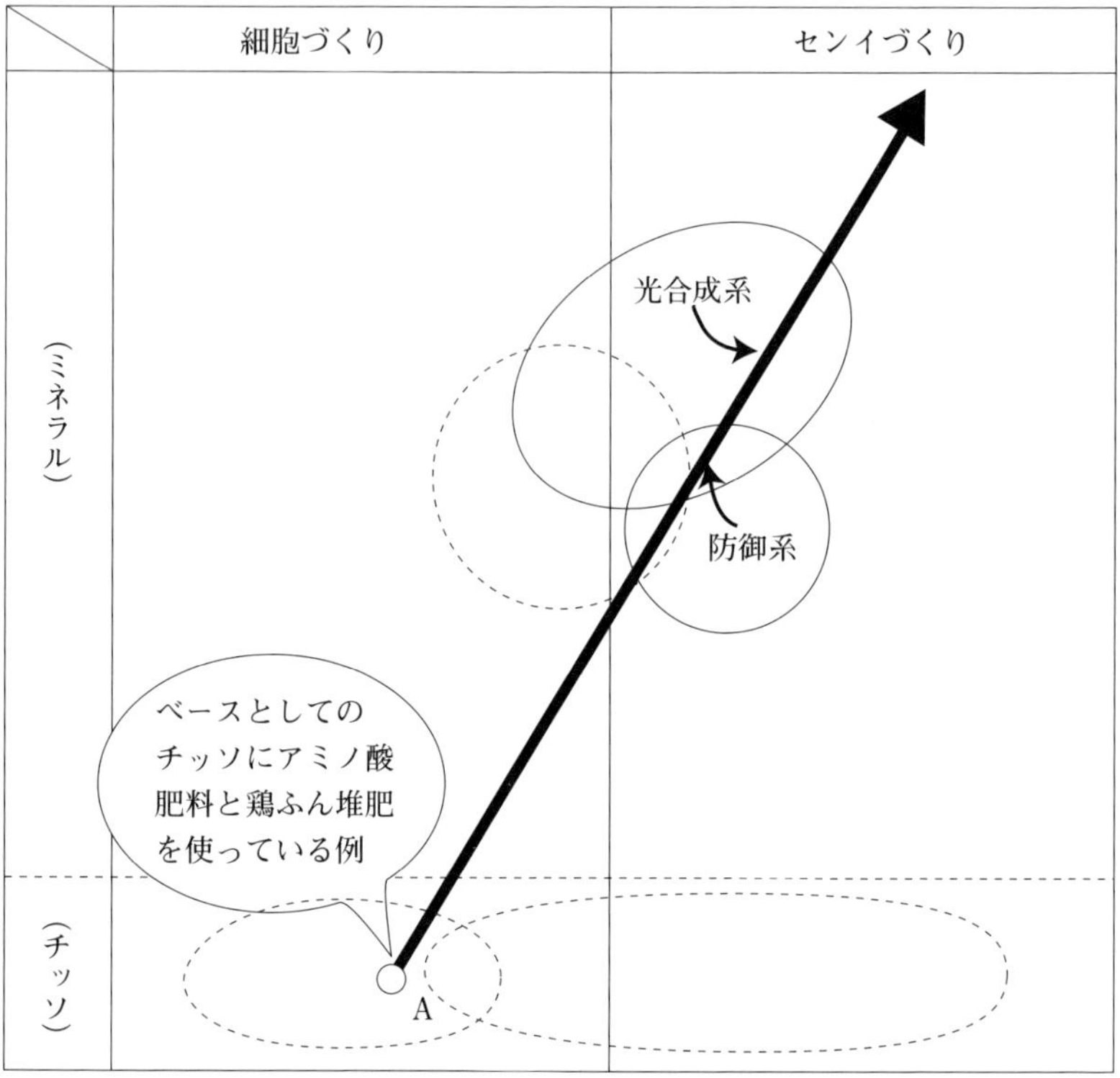

チッソの位置 (A) が細胞づくりの側にある。この位置から「センイづくり」に向けて対角線を引くと，センイづくりのミネラルでもある光合成系と防御系のグループを通る形になる。

図 5−2　細胞づくりの側のチッソ施肥の場合

ときは、たいがいC／N比が低いチッソ肥料が主役の栽培のときだ。こういう場合はしっかり光合成を行なわせて十分な量の**炭水化物**をつくることであり、表皮を硬くして、病害虫に対する抵抗力を高めることである。そのために、光合成系と石灰を中心とした防御系のミネラル肥料をしっかり処方することがポイントになる。

●センイづくりに片寄っていれば……

反対に、チッソが少なくセンイの多いバーク堆肥主体の栽培だと、チッソ施肥の位置は右にあり、対角線を左上に引くと、ミネラルは細胞づくりの側にある生命維持系の上を通過する（図5—3）。今度はこれら生命維持系のミネラルがきちんと効いていることが必要になる。

たとえば、作物の育ちはしっかりしていて病害虫も少ないが、収量が少ないとか、生育の伸びが悪く、センイ質

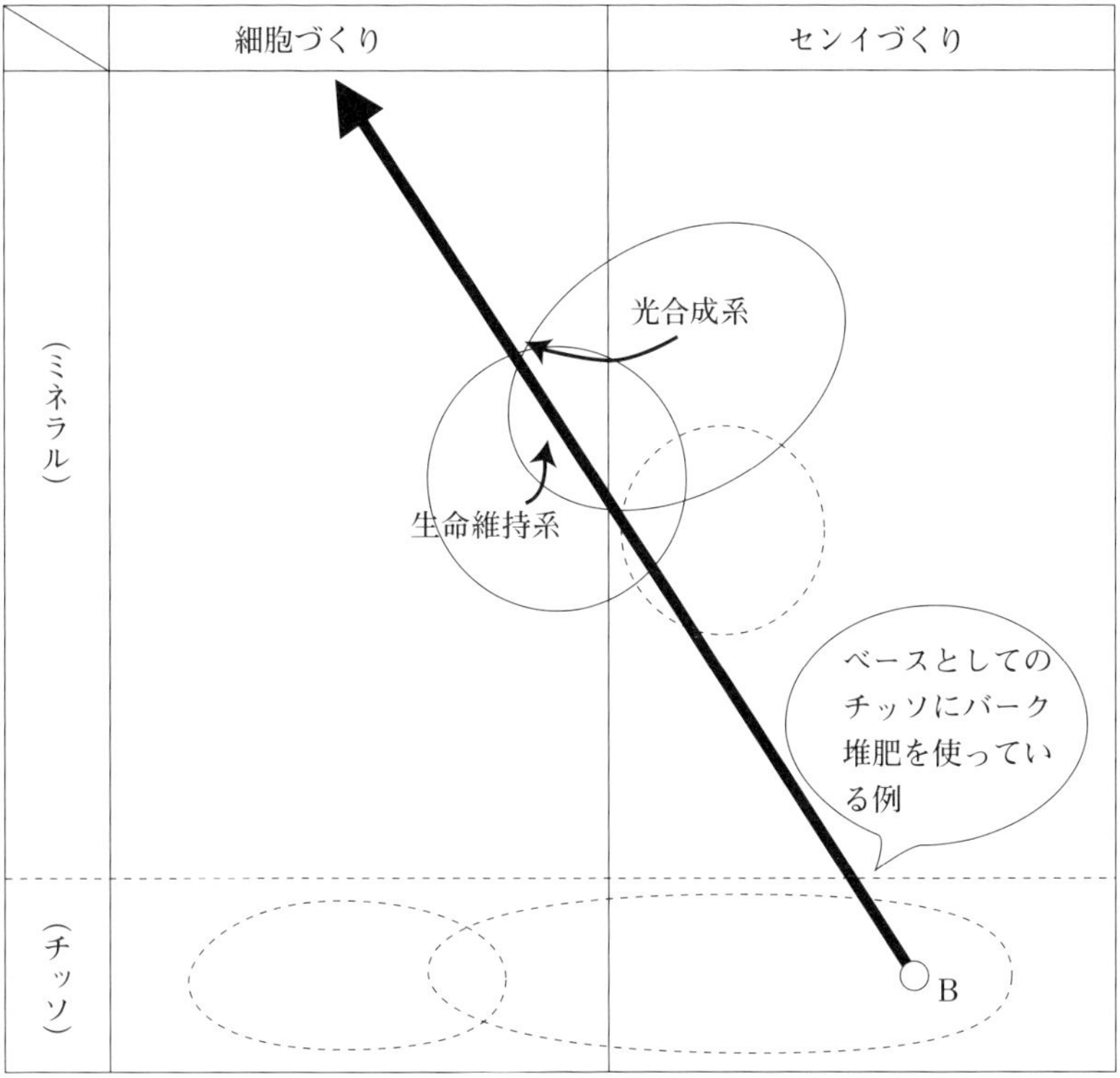

チッソの位置（B）はセンイづくりの側にある。この位置から「細胞づくり」に向けて対角線を引くと，細胞づくりのミネラルである生命維持系と，センイづくりのミネラルである光合成系のグループを通る形になる

図5−3　センイづくりの側のチッソ施肥の場合

が多くて硬いといった場合、センイづくりが主になっていて、細胞づくりがままならない状態なので、細胞づくりのために「光合成系」のミネラルと、その光合成によってつくられた豊富な炭水化物を組み上げていくエネルギーを得るためのミネラル、すなわち「生命維持系」で呼吸関連のミネラルである鉄が、ここでのポイントとなる。

●対角線が通るミネラルを使う

このように有機資材連関図を頭の中で描くと、施肥の全体像を点検でき、軌道修正しやすい。私が現場でアドバイスするときも、

①使っている資材は何かをまずきいてチッソの位置を確認し、

②そこから対角線を引いて、ミネラル肥料のどのグループに課題があるかをかを推測。それに、

③現場の問題や課題を重ね合わせて施用すべきミネラル肥料を特定する、

という順序で考えている。

もちろん、実際におきている問題がミネラルの手当てだけで解決するというわけではない。むしろそのほうが多いが、そんなときは土壌病害にやられていないか、有用微生物の増殖している発酵資材をちゃんと使っているかどうかを聞き、そこでも解決しなければ最後に、土は硬すぎないか、水はけや保水性は大丈夫か、というように確認していく。つまり化学性、生物性、物理性と順に辿るわけである。多くの場合はこれで解決の方向が見えてくるのである。

いずれにしろ、施肥の方向性を確認するうえで有機資材連関図は重宝なので、まずこれを活用して頂きたい。

2. ミネラル肥料をつくる

(1) 入手しやすい資材をいかす

ミネラル肥料は通常、市販のものを使うことが多いが、ここでは身近で入手しやすい貝がらと海草の活用法について簡単に紹介しておこう。なお、多くの市販ミネラル肥料については、『有機栽培の基礎と実際』（農文協刊）の第4章を参照して頂きたい。

●貝がらを堆肥に加えて発酵

海に囲まれている日本では、ハマグリやアサリ、カキなどの貝が多く獲れる。また淡水産のシジミも多い。貝を加工する食品産業や郷土料理を提供する食堂などが近くにあれば、そこから廃棄物として貝がらがたくさん出てくる。

貝がらは、炭酸カルシウムでできている。炭酸カルシウムをコンキオリンというタンパク質が覆って、サンドイッチのようにそれが層状になっている。これを焼いて、炭酸カルシウムをむきだしにしてやるとミネラルが溶出しやすくなり、カルシウム資材として利用できる。焼成すると水溶性とク溶性の、両方のカルシウムができる。

ただ、直接炎に入れるような焼き方だと、ダイオキシンの発生が問題になる。そこで赤外線を利用して蒸し焼きにするとよいのだが、たくさんの貝がらを一度に焼成するのは難しい。そこで、お勧めしたいのは貝がらを堆肥に入れ、カルシウム入りの堆肥をつくることである。

堆肥製造の過程で生成される有機酸が貝がらの主成分である炭酸カルシウ

ムと出合って溶け、有機酸カルシウムになる。また有機酸の中にはミネラルとキレートをつくるものがあるので、貝がら入りの堆肥を施用することで、カルシウムの吸収も促される。

堆肥原料の一〇〜一五%を上限に加え（この数値は鶏ふん堆肥のカルシウム含量が一五%であることから設定）、発酵を進めていけば、完成の頃にはまったく跡形もないほど分解している。

ボクに混ぜれば有機酸で溶かしてあげるよ
シジミ
アサリなど
カキガラ
力がついたような気がするゾ
Ca
Ca
カルシウムリッチな堆肥ができあがる

図5−4　貝がらを堆肥に混ぜればカルシウム入りの堆肥となる

堆肥をつくっていたら、ぜひ実践してみてほしい。

●天日乾燥した海草を粉末で施用

海草には、マグネシウムやナトリウム、そしてヨードなどミネラル分が多く含まれている。しかも、冷たい海の中であれだけ生長するのを見てもわかるように、低温下で生長を促すホルモン様物質を多くもっている。いわゆる生長促進物質である。また、水溶性の炭水化物も多く含み、これらは糖度の向上や不順天候下で不足する炭水化物の補給などに使える。

海草を乾燥させて粉末状にした資材があるが、これなら肥料と同じように施用できる。また、生の海草を天日で干し、堆肥やアミノ酸肥料に加えてもいい。ある農家は、天日干しした海草を原料の一〜五%ほど加えて、ミネラル豊富な堆肥やアミノ酸肥料をつくっている。

海草はもっと注目していい有機資材である。

(2) ミネラル肥料は発酵させるとよい

貝がらや海草ばかりでなく、ミネラル肥料は有機酸と出合うと**キレート**化して、作物に吸収されやすくなる。この原理を使って「ミネラル発酵肥料」がつくれる。

アミノ酸肥料（発酵型）や中熟堆肥をつくる過程で、有機酸が生成されてきたらミネラル肥料を全体の一〇〜一五％くらい加える。堆肥ではちょうど**二次発酵**のときになる。**切り返し**や**エアレーション**、**品温**の管理などは同じでよい（図5—5）。

こうすることで、アミノ酸ミネラル肥料やミネラル堆肥が簡単にできる。ミネラルは有機酸によって作物に吸収されやすいキレートの状態になるので、土壌溶液中でミネラル間の**拮抗作用**も少なく、単独で施用するより効率よく効かせることができる。またこうすればミネラル肥料の施肥も省力化できる。

発酵肥料をつくっていたらもちろん、購入している人もミネラル肥料を混入し、形がわからなくなるくらい発酵させれば（気温にもよるがおよそ半月〜一ヵ月程度でよい）、簡単にミネラル入り発酵有機肥料になる。ぜひ試してみてほしい。

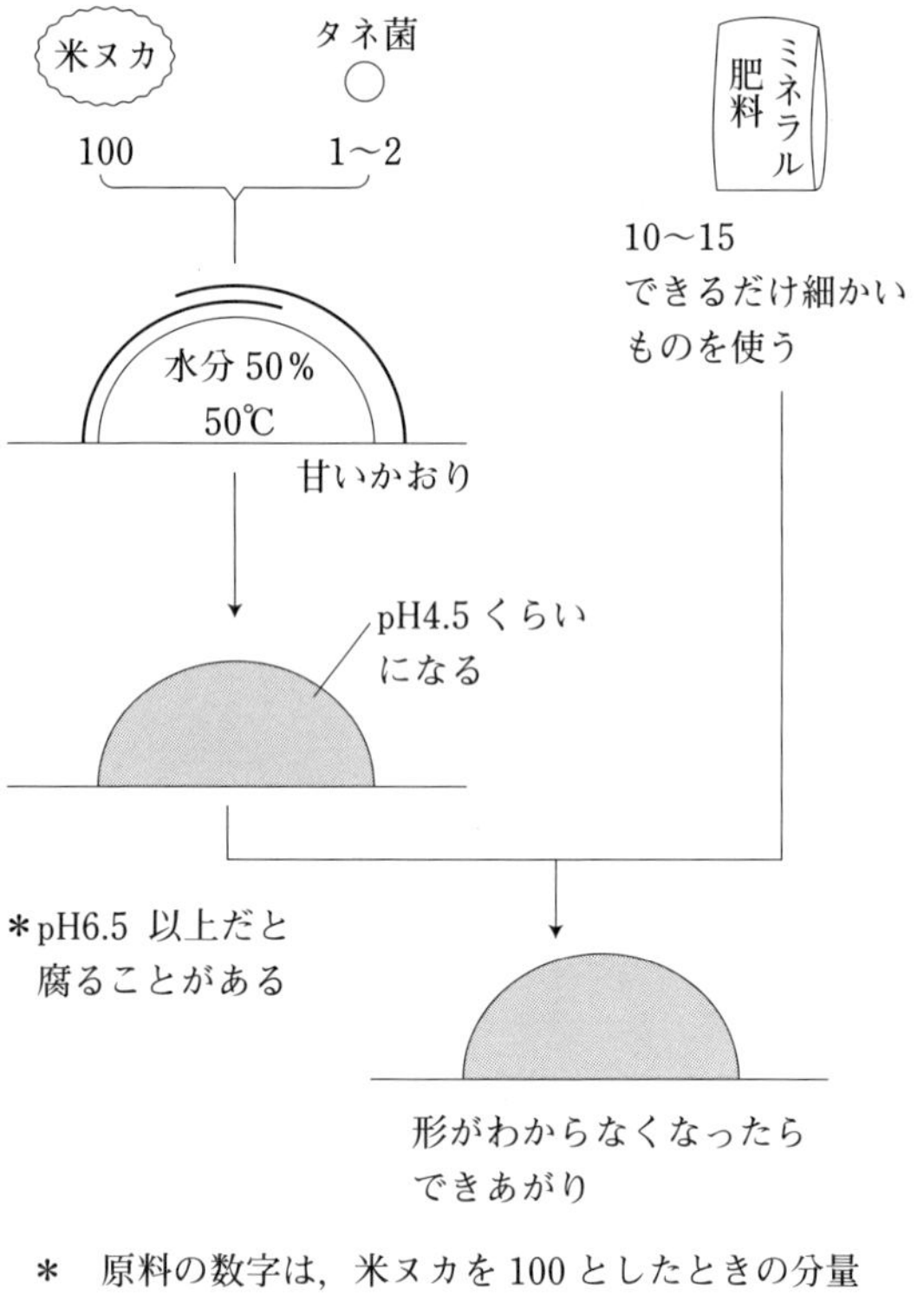

＊ 原料の数字は，米ヌカを 100 としたときの分量（『有機栽培の基礎と実際』255 ページ参照）

図 5―5 アミノ酸ミネラル肥料のつくり方

3. ミネラル肥料の使い方

ミネラル施肥についても、『有機栽培の基礎と実際』で紹介しているので、ここでは基本的なことを簡単に述べておく。

(1) 施用のポイント

●土壌分析で過不足を確認

ミネラルの過不足は、チッソ肥料と違って生育を見ただけで判断するのは難しい。そこで私は土壌分析を勧めている。圃場一枚一枚のミネラルの過不足を知って、それを施肥設計のベースとする。

現在は簡易な土壌診断キット（「ドクターソイル」など）もあり、また私の施肥設計ソフトもある。そのようなものを利用しながら、自分で自分の圃場の状態を把握して、施肥にいかすようにしてほしい。

●拮抗作用と相乗作用に注意

ただ、土壌中ではミネラルはお互いが足を引っ張って吸収を妨げたり（**拮抗作用**）、吸収を促進しあったり（**相乗作用**）していることには注意がいる。

拮抗作用では、カリと苦土、石灰が相互に吸収を抑制しあうし、相乗作用では、カリと鉄、苦土とホウ素などの組み合わせがある。つまり、ミネラルは圃場に施用すればしただけ植物に吸収されるわけではないのである。多く施用したために、かえって他のミネラルの吸収を妨げたりすることもある。

ちゃんと施用しているのに成果が出ない、というときは、ミネラル間の拮抗作用を疑ってみることも必要だ（図5—6）。

●作物がよく育つミネラル相互の割合

ミネラルバランスでよく知られているのが、石灰、苦土、カリの、五：二：一という比率だ。この比率が作物の生育によいとされる（図5—7）。しかしこれも一つの目安である。

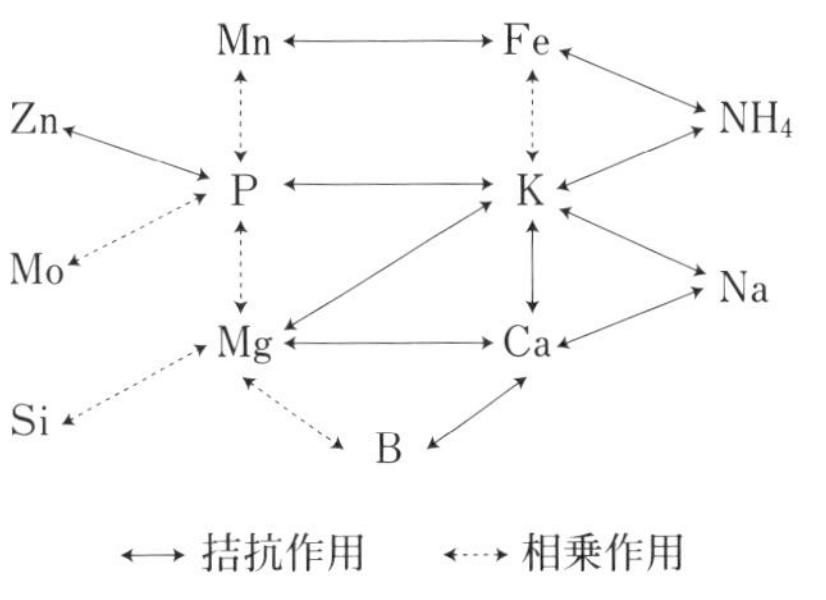

（『最新農業技術事典』，農文協より）

図5−6　養分吸収における拮抗作用と相乗作用（元素記号は38ページを参照）

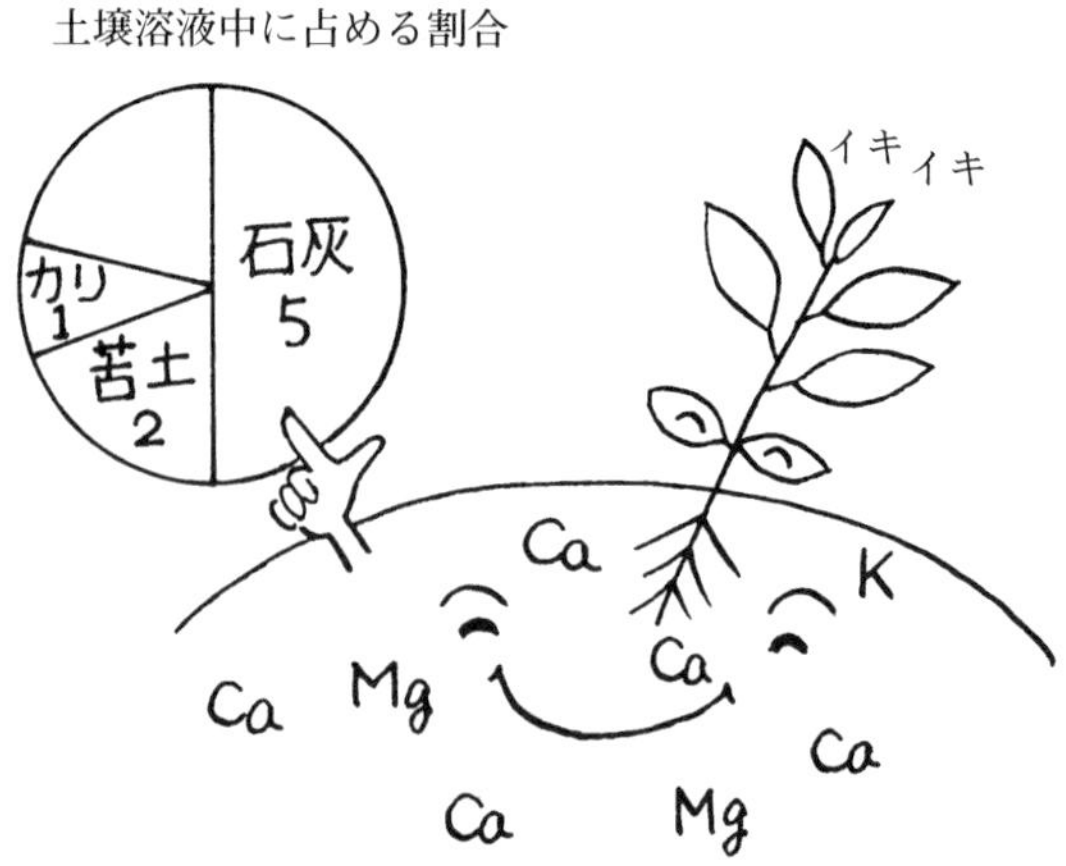

図5―7　作物がよく育つミネラルバランスの目安は石灰5, 苦土2, カリ1

たとえば、収穫近くの雨で実が割れて商品価値がなくなるサクランボのような作物では、このバランスではカリが高すぎる。カリは水を運ぶ性質がある。サクランボでは、このカリを抑えるようなバランスが必要になる。

私は、この五：二：一は一つの目安にしながら、作物の特徴や土の性質を踏まえた調整を行なうようアドバイスしている。

●水溶性か、ク溶性かチェック

なお、ミネラル肥料の施用では、その肥料が水に溶けやすいかどうかを確認しておく。難しいことはない。肥料の袋に「水溶性」とか「ク溶性」「可溶性」といった表示があるので、それを見ればよい。

水溶性肥料は、文字どおり水に溶けるので、作物に吸収されやすい。問題はク溶性の資材で、こちらは土が酸性のときに溶け出す性質をもっている。ク溶性の「ク」はクエン酸の意味。クエン酸に溶ける、つまり土壌溶液が酸性のときに溶け出して、作物に吸収されるということである。土壌がアルカリ性に傾いている場合は、施用しても作物に吸収されにくいので注意する（図5―8）。

●高pH土壌には要注意

pHが高めの土では、ク溶性の資材が溶けずに肝心の成分が効かないだけでなく、その成分が残ることで土壌のpHを高めてしまいかねない。pHが高いと、有機栽培のメリットの一つの**根酸**を中和して、活発なミネラル吸収を阻害する。

また、鉄やマンガン、ホウ素、銅といった弱酸性で溶けるミネラルが溶けにくくなり、欠乏症状が出やすい。これも土壌pHが高いことの弊害である。

そこでpHが高い土にはミネラル肥料の中でも水溶性のものを使う。水溶性であれば、ミネラルが吸収されたあとに、硫酸カルシウムの硫酸や塩酸といった酸性の成分が残り、土壌pHを高めることは少ない。

●資材のpHでも使い分ける

ミネラル肥料が水に溶けたときのアルカリ性の程度を知っておくことも大切である。

たとえば、石灰肥料を使うとき、主な選択肢は消石灰、炭酸カルシウム（炭カル）、硫酸カルシウム（硫カル）だが、このうち消石灰はアルカリ性が一番強い。次いで炭カル、そして硫カルは、ほぼ中性である。したがって、pHの高い土には硫カルを、酸性の土には消石灰や炭カルを選ぶべきである。

土のpHを高めたり、逆に低くしたりしない資材選びに気を付けたい。

pHの低い土ならオレに任せて
ク溶性
pHの高い土ならボク
水溶性
可溶性
ボクは不要なの……

図5−8　ミネラル肥料は土によって種類を変えるとよい

●造粒資材は溶けにくいので注意！

もう一つ、同じミネラル肥料でも、造粒してあるものと粉末状のものとでは、溶けやすさが違う。造粒資材はク溶性でまきやすく、飛散しにくいので便利である反面、溶けにくいという欠点がある。果樹などの永年作物への施肥は粉末状のものが適している。

コップで実際に水に溶かしてみて溶けやすさを確認しておくとか、早めに畑に施用しておくといった配慮が必要になる。一作終わっても粒が残っているようでは、効果は少ない。この点、注意が必要である。

●ミネラルはチッソより先に施す

ミネラル肥料とチッソ肥料では、ミネラルを先に施用し、一雨後にチッソ

写真5－6　チッソの追肥は必ずミネラルの追肥の後に行なうことが原則

写真のナスは生育を安定させるために，土壌分析を月2回行なって不足ミネラルを施用し，その2～3日後に，収穫1tにつきチッソ2kgの追肥を行なっている

（写真提供　農事生産組合野菜村）

肥料を施用するようにする。チッソを先に効かせると、どうしても弱い育ちになりがちだからである。逆に、ミネラルを効かせて作物のそれぞれの機能がしっかりまわるようにしてチッソを働かせると、生長がスムーズになり、さまざまな環境からのストレスを軽減することにつながる。

機械の整備をしっかり行なってこそ、車を高速で、安全に走らせることができるのと同じである。「ミネラル先行、チッソ後追い」は有機施肥の大原則である（写真5―6）。

（2）養分過剰とミネラル施肥

●苦土と石灰が過剰

最近は、苦土の不足がいわれ、苦土資材を施用する農家が増えている。しかし、そのことでかえって石灰過剰を招いている例がある。肥料選択の誤りが原因である。

たとえば苦土不足が心配で、苦土石灰を施用する。しかし苦土石灰には一〇％程度の苦土のほか、三五％も石灰が含まれている。苦土を成分で三〇kgやろうと考え、苦土石灰を三〇〇kg入れたら、同時に石灰も一〇〇kg入るのである。苦土石灰ではなく、六〇％の苦土を含む肥料を使えば、量は五〇kgですみ、石灰が過剰になることもない。

苦土石灰は一袋五〇〇～六〇〇円程度。対して苦土六〇％のミネラル肥料は、二〇〇〇円以上する。単価は苦土石灰が安いが、施用量を考えたらかえってコスト高なのである。しかも石灰過剰を招く。フトコロにも土にも負担は大きい。

苦土、石灰両方が不足しているならともかく、石灰は十分あって苦土だけ不足ということであれば、苦土資材を使うべきである。

●養分過剰土壌でのミネラルのやり方

多肥栽培を続けてきた畑では、石灰や苦土、カリなどのミネラルが過剰になっている。土壌分析をするとpHも高く、多くのミネラルが適正値を上回っている。いわゆる高pH・高塩基の土壌である。こんな状態では微量要素も効きにくい。微量要素欠乏や、養分濃度が高いための根焼けで、養分吸収が滞っている。また高pHのために、根から分泌される根酸が中和され、酸によるミネラルの可溶化が進まない。このような土壌では、肥料養分がたくさんあっても十分な養分吸収がままならない。

養分過剰土壌は、たまっている養分、ミネラルを、緑肥などを栽培して畑の外に持ち出すか、作物に積極吸収させて減らさない限りよくならない。しかし現実には改善はなかなか難しい。

こんな土壌の改善は、根酸の働きを助けながら、ミネラルの吸収を促すしかない。そのためには本書で紹介した中熟堆肥やアミノ酸肥料を投入して資材中の有機酸を供給するのが一番である。たまっている養分をキレート化し、ミネラルを可溶化、作物に吸収しやすい形にしてやるのだ。酸性のアミノ酸肥料や堆肥は溶けにくい微量要素も溶かすので、根酸の機能を補うことができるのである。

こうしてたまっている養分を作物が吸える形にすることで、使い道のなかったミネラル貯金も引き出すことが可能になる。

付録 用語集

◆本書で使用している用語（各章初出が**太字**）の中には、一般では使われていないものや、使われていても意味が異なるものもあるので、簡単に紹介しておく。

あ行

頭打ち現象　化成栽培から有機栽培に切り替えた当初は収量・品質ともにすばらしい成果を上げるが、四〜五年経つうちに徐々に成果が上がらなくなってくる現象をいう。原因はいくつかあるが、もっとも多いのが土壌中のミネラルの減少、とくに苦土が不足している場合が多い。次が、有機のチッソ肥料の品質・特性の問題、三つめが堆肥の質と量の問題である。頭打ち現象の原因をつかんで、的確な対応が必要である。

アミノ酸　タンパク質を構成する有機物で、分子の構造中にアミノ基とカルボキシル基をもつ（60ページ）。生物がつくるアミノ酸は二〇種類あり、この二〇種類のアミノ酸だけで生物のタンパク質はつくられている。

　アミノ酸は有機物（タンパク質）が分解する過程でもつくられて、アミノ酸肥料や堆肥中にも存在する。

　植物は吸収した無機のチッソに光合成でつくられた炭水化物を組み合わせてアミノ酸をつくり、さらにそのアミノ酸を組み合わせてタンパク質をつくり、さらに細胞やいろいろな器官をつくっているとされてきた。

　しかし現在では、無機のチッソだけでなくアミノ酸などの有機のチッソも吸収利用されることが明らかになっている。

　植物がチッソを吸収して、アミノ酸やタンパク質をつくっていく場面を考えると、アミノ酸を直接吸収利用する有機栽培は、無機のチッソから組みかえてアミノ酸をつくって利用している化成栽培より、効率がよい。このことが有機栽培のメリットのもっとも基本的なものである。

　なお本書では、有機物の分解過程で生じる大小のタンパク質やその分解物をはじめとするさまざまな水溶性の有機態チッソを総称してアミノ酸と呼ぶことが多い。

アミノ酸肥料（発酵型、抽出型）　本書でいう「アミノ酸肥料」とは、有機物をアミノ酸ができるくらいまで十分に発酵させてつくった発酵肥料・ボカシ肥や、食品工場の副産物などを加熱・圧搾してアミノ酸を取り出した有機のチッソ肥料のことをいう。前者を発酵型アミノ酸肥料、後者を抽出型アミノ酸肥料と呼ぶ。アミノ酸肥料には、アミノ酸だけでなく、有機物が分解して生じるさまざまな有機物が含まれている。

発酵型アミノ酸肥料には、発酵に関連した有用微生物と、発酵過程でつくられる有機態チッソのほかに、ビタミンやホルモン様物質、病原菌を抑える抗生物質などが含まれていることがある。なお、有機物にカビが生じて甘い匂いのする状態のものを有機のチッソ肥料として施用している農家も多いが、この段階ではまだアミノ酸の生成量も少ないので、本書ではアミノ酸肥料とは呼ばない。

抽出型アミノ酸肥料は、基本的に無菌の状態で製品化されている。微生物はもちろん、微生物由来の発酵生成物は含まれていないが、有機物が分解してできるさまざまな物質を含む。

一次発酵・二次発酵・養生発酵　中熟堆肥づくりを便宜的に三つの工程に分けたときの名称。通常の堆肥づくりの用語とは異なるので注意する。

一次発酵は堆肥原料を堆積してから、品温が初めて五〇～六〇℃になって、切り返しを行なうまでの発酵の工程をいう。主に糸状菌が活動して分解しやすい有機物を分解し、他の微生物のエサとなる糖やアミノ酸をつくる。

二次発酵は、最初の切り返し後、品温を五〇～六〇℃に維持しながらセンイなどの難分解性の有機物を分解していく工程で、一次発酵でつくられた糖をエサに、納豆菌や放線菌、酵母菌が増殖し、アミノ酸やビタミン、各種酵素など、さまざまな有機物がつくられる。

養生発酵は、品温を下げながら難分解性有機物の分解をさらに進めて、水溶性の炭水化物をつくる工程。堆肥中の微生物の数を多く保ったまま、放冷・乾燥を進めて、微生物の活動を徐々に休止させていく。

エアレーション・切り返し　堆肥や発酵肥料をつくるときに行なう原料の攪拌や空気の送り込みのこと。穴の開いたパイプを堆肥舎などの床に配管して空気（酸素）を吹き上げ、発酵（微生物の活動）を調整することをエアレーションといい、原料を攪拌、堆積し直しながら空気を供給する作業を切り返しという。ただし空気の量は多いほどよいわけではない。冬期に送風量を多くするとかえって品温を下げて発酵が進まないこともある。気温（送風する空気の温度）と送風量を加減しながら適当な品温を保つことが大切。

栄養生長・生殖生長　植物の生長の中で、葉や根、枝など植物の体を大きくしていく生長を栄養生長といい、その後の花を咲かせ、実をつけ、タネを残す生長を生殖生長という。栄養生長で、光合成を十分行なえる体をつくり、生殖生長では光合成によってつくられた炭水化物で子孫を残す、というのが作物の基本的な戦略といえる。

作物は、コマツナ・ホウレンソウのように栄養生長期間中に収穫してしまうもの、トマトやキュウリ、ナスのように体を大きくしながら果実も収穫する、栄養・生殖同時生長タイプのもの、スイカやブロッコリーのように栄養生長で体を大きくして、その後の生殖生長による部位を収穫するものなどに分けることができる。栄養生長の主要養分はチッソだが、生殖生長は炭水化物である。いつまでも栄養生長に片寄った生育をしていると花が止まらなかったり、奇形果ができたり、糖度が十分高くならなかったりといった弊害も出てくる。栄養生長から生殖生長への切り替えをスムーズに行なうことは栽培の基本でもある。

易分解性有機物・難分解性有機物　微生物が有機物を分解するときに、分解しやすいものを易分解性有機物、分解しにくいものを難分解性有機物という。易分解性有機物には、糖、デンプンやタンパク質などC／N比が低いものがあり、難分解性有機物にはリグニン、セルロース、ヘミセルロースなどC／N比の高いセンイ類がある。堆肥づくりでは、両方の原料有機物を混合して発酵を進めるが、易分解性有機物の分解（品温の上昇）をゆっくり進め、難分解性有機物の分解を促す、という品温管理がポイントになる。

か行

化成栽培　→有機栽培・化成栽培

完熟堆肥・中熟堆肥　どちらも堆肥の完成品の呼び方。水分を加えても発酵熱を出さないほど有機物の分解の進んだ堆肥を本書では完熟堆肥と呼ぶ（C／N比が一五以下の場合の み）。これに対し、完熟堆肥になる前の段階で、堆肥中の微生物の種類・数がもっとも多く、同時に微生物のエサとなる分解途中の有機物の量も多い状態の堆肥を中熟堆肥と呼ぶ。中熟堆肥を土に投入した場合、含まれている有機物をエサに堆肥中の有用微生物がその活動範囲を広げていくことができるので、土の中の有害微生物の増殖を抑えることができる。中熟堆肥の状態でさらに発酵を続ければ、完熟堆肥になる。

拮抗作用・相乗作用　土壌溶液中に溶けている複数のイオンの間で、植物への吸収を阻害しあう作用のことを拮抗作用という。陽イオン同士、または陰イオン同士の間で見られ、さまざまな欠乏症状（ハクサイの石灰欠乏、トマトの尻腐れなど）は拮抗作用が原因しているといわれている。反対に、吸収を促進しあう作用のことは、相乗作用と呼ぶ。いろいろな養分間の関係は141ページを参照。

キレート　構造的にミネラルを抱え込むことのできる化合物のこと。腐植酸や有機酸、糖類などにこのような性質をもったものがある。土壌中で不溶化している金属ミネラルを抱え込んで、水に溶けやすくし、植物が吸収しやすい形にすることができる。キレートの語源は、ギリシャ語で「カニのはさみ」という意味。

切り返し　→エアレーション・切り返し

光合成　植物が、大気中の二酸化炭素と根から吸収した水から太陽の光エネルギーを利用して炭水化物（有機物）を合成し、その副産物として酸素を放出する反応をいう。炭酸同化作用ともいう。

もう少し詳しくいうと、植物は太陽の光エネルギーで、吸収した水を分解して電気エネルギーを取り出し、酸素を放出する（明反応）。葉緑素は光エネルギーを電気エネルギーにかえる変換器ということになる。そして、取り出した電気エネルギーを使って二酸化炭素から炭水化物をつくる（暗反応）。

植物はこの反応（光合成）によってつくられた炭水化物をもとに、体をつくり、エネルギーを得て、生長していく。光合成なしでは、植物はもとより地球上の動物も生きていくことはできない、もっとも根源的な化学反応。

酵素　生体内のある特定の化学反応（生化学反応）をスムーズに進めるために関わっている生体関連物質のこと。酵素は、生物の活動のあらゆる場面に関与しており、ある生化学反応にはある酵素というようにその反応を選択的に進める。酵素があることでその反応が数百万倍以上に加速することもある。タンパク質からできており、ミネラルを含んでいるものも多い。タンパク質を分解するプロテアーゼ、デンプンを分解するアミラーゼ、キチン質を分解するキチナーゼなども酵素である。有機物が微生物によって発酵分解されるときも酵素が関与している。

根酸　光合成によってつくられた炭水化物が根に送られ、そこで呼吸によって取り入れられた酸素の力を借りてつくられ、根のまわりに分泌される有機酸のこと。分泌される根酸の種類は多岐にわたるが、クエン酸やアミノ酸などが多い。この根酸が十分に分泌されるためには、作物が多くの炭水化物をもっていて、根回りに酸素があること、つまり土壌の物理性が整っていることが肝心である。根酸の分泌量が多いと、土壌中の多くのミネラルを可溶化することができ、それらを吸収することによって、作物はより健全に生育することができる。

さ行

C／N比（炭素率）　有機物中の炭素（C）とチッソ（N）の割合（C÷N）をいう。炭素率ともいう。C／N比は有機物の特徴を示しており、オガクズやバーク、モミガラ、ワラといったセンイ質のものはC／N比が高いのに対して、ダイズかすや魚かすといったタンパク質（チッソ）を多く含んだ有機物はC／N比が低い。チッソが多い有機物ならC／N比は低く、少なければC／N比は高い、と考えてよい。

堆肥やアミノ酸肥料（発酵肥料）などをつくるときには、原料のC／N比が適当な値の範囲内でなければ、良質なものをつくることはできない。

また、作物の生育をC／N比で見ると、チッソをたくさん吸収して体・葉を大きくする初期から、葉でつくられた炭水化物を蓄積していく中期、そしてその炭水化物で子孫を残していく後期と、C／N比は小さい値から大きな値に変化している。そこで、そのC／N比の変化にあわせて施肥するというのも有機栽培の考え方の基本である。

生殖生長　→栄養生長・生殖生長

施肥設計ソフト・堆肥設計ソフト　著者らがマイクロソフト社製のパソコンソフト・エクセルで開発したソフト。施肥設計ソフトでは、土壌分析結果を入力することで、分析した土の肥料養分の過不足を知ることができ、同時に施用すべき肥料養分の量を知ることができる。堆肥設計ソフトでは、多くの堆肥原料の水分やC／N比と連動しているので、各種原料をどのような割合で混合すれば水分とC／N比を適切な範囲内に納めることができるかを知ることができる。入手法（無料）、使い方は前著『有機栽培の基礎と実際』の付録を参照するか、（株）ジャパンバイオファームのホームページ（http://www.

japanbiofarm.com/）にアクセスしてほしい。

相乗作用　→拮抗作用・相乗作用

た行

堆肥設計ソフト　→施肥設計ソフト・堆肥設計ソフト

多量要素　→微量要素・多量要素

炭水化物　ブドウ糖など（単糖）を構成成分とする有機化合物の総称。その多くは分子式が$C_mH_{2n}O_n$、つまり$C_m(H_2O)_n$で表わすことができる。炭素Cと水H_2Oの化合物のように見えるので炭水化物と呼ばれる。糖質ともいう。

植物が光合成によってつくった炭水化物（ブドウ糖）は、植物の体（センイや細胞）をつくる原料になると同時に、植物が活動するエネルギー源ともなる。有機栽培で使うアミノ酸肥料や堆肥は、根から吸収されやすい炭水化物をもっているので、作物は根からも炭水化物を吸収する。つまり、有機栽培では作物は光合成と根からとの両方の炭水化物が利用できる。その炭水化物でセンイを強化して病害虫に強い体をつくり、根酸を増やしてミネラルの吸収量を増やすので、有機栽培では収量・品質・栄養価を高めることができる。

チッソ飢餓　有機物の分解には適当なチッソが必要である。C／N比の高い生の有機物や十分発酵の進んでいない有機物を土に入れると、その分解のために土壌中のチッソが使われる。そのために作物がチッソ不足となり、生育が抑制される。このような現象をチッソ飢餓という。

中熟堆肥　→完熟堆肥・中熟堆肥

な行

難分解性有機物　→易分解性有機物・難分解性有機物

納豆菌　本書では、人間に有用なバチルス属菌（細菌の仲間）を代表して納豆菌と呼んでいる。食品の納豆をつくる納豆菌そのものではない。食品の納豆をつくる納豆菌は、分類上はバチルス属菌の中の枯草菌の一変種とされている。バチルス属菌は、土壌をはじめ、広く自然環境に存在している好気性菌で、その胞子（内生胞子、芽胞）は熱や酸・アルカリなどに非常に強い。

なお、バチルス属菌の仲間には、農薬のBT剤として使われている細菌（BT菌）がある。また枯草菌の仲間には、微生物農薬のボトキラー水和剤やインプレッション水和剤として利用されているものもある。逆に、多くの人間に有害な微生物（動物の炭疽菌、食中毒を起こすセレウス菌など）の仲間も含まれている。

二次発酵　→一次発酵・二次発酵・養生発酵

は行

発酵・腐敗　微生物が有機物を分解してより小さな水溶性の物質に変えていくとき、人間や作物にとって有用な物質をつくり出すことを「発酵」といい、反対に有害なものをつくり出すことを「腐敗」と呼ぶことにする。

微量要素・多量要素　肥料の三要素であるチッソ、リン、カリに加えてカルシウム（石灰）、マグネシウム（苦土）、イオウの六つの元素は植物に含まれている量が多く、植物が健全に生長するためには肥料養分の中でもとくに多く必要とする。このことから多量要素と呼ばれる。

一方、植物が生長するのに必須の元素ではあっても、その必要量が比較的少ない元素を微量要素という。微量要素には現在、鉄、マンガン、ホウ素、亜鉛、銅、モリブデン、塩素、ニッケルが認められている。これらは、タンパク質と組み合わさって酵素などをつくり、作物の代謝に重要な役割を果たしている。

日本ではホウ素とマンガンで要素欠乏を起こしやすいといわれているが、その他の成分の手当てが必要な場面も多い。ただし、過剰症も起こしやすいので、施用量には注意が必要である。

なお、特定の条件や作物に対して生育によい影響を与える元素を有用元素と呼ぶ。ケイ素（ケイ酸）、ナトリウム、アルミニウム、コバルトなどがこれにあたる。

品温　堆肥や発酵肥料をつくるときの発酵中の原料の温度。微生物の活動の一つの目安になり、堆積の仕方や切り返し、水分の補給などによって、この温度を調整することが堆肥づくりや発酵肥料づくりの主な管理作業になる。

腐植　植物残渣など土壌中の有機物が微生物によって分解され、さらに化学的・生物的な働きを受けてできた大小さまざまな有機物の渾然一体物。土壌や植生などによって、その特徴は多様である。腐植は土壌中でミネラルを吸着する力があり、これが堆肥の保肥力の源になっている。

腐植酸　土壌中の有機物が微生物によって分解される過程でできる有機酸を中心とした集合体。土壌団粒や地力を形成する重要な物質で、原料は炭水化物。デンプンやセンイが糖に分解され、さらに糖が分解されて有機酸になる。その有機酸の集合体と考えてよい。

腐敗　→発酵・腐敗

ま行

未熟堆肥　原料の有機物の分解が進んでいない状態の堆肥のこと。水分を含むとふん臭がするようなものと、ふんなどの分解によって発酵熱が上がったものの、センイなどの材料までは分解が進んでいないものとある。どちらも堆肥を水で洗って残った固形物をつぶして形が崩れなければ、分解が進んでいないことがわかる。このような堆肥を土に入れると、土の中のチッソを横取りして作物の生育を妨げたり（チッソ飢餓）、土の中の土壌病原菌のエサとなって土壌病害を広げることもある。

ミネラル　有機物を構成している炭素・水素・チッソ・酸素以外の生体にとって欠かせない元素（多量要素、微量要素、有用元素）のこと。植物の種類や生育段階によって必要な種類や量は異なることが知られている。植物の体をつくったり、さまざまな体内の化学反応になくてはならない。欠乏すると生育が妨げられるが、多すぎても過剰症をおこすので、施用量には注意が必要になる。

ミネラルバランス　土壌溶液中に存在するミネラルの割合。とくにミネラルの中で植物の吸収量の多い、石灰、苦土、カリの三つの割合が作物栽培上の一つの指標となることから、これらの割合をいうことが多い。一般には、石灰苦土カリの比は五：二：一のときがもっとも作物の生育によいとされているが作目や土の条件などによって異なることも多い。

ミネラル肥料　石灰や苦土は酸性土壌を改良する資材（土壌改良材）として使われることが多かった。しかしミネラルは本来、植物にとって必要不可欠な肥料養分である。土壌改良材的な位置づけではなく、作物が必要とする量を知り、土にどのくらいあるかを知って、必要量を施す、という見方でミネラルを見たときの名称。有機栽培では根の活力が増し、土壌中のミネラルの吸収・消耗も早い。ミネラルをきちんと肥料として位置づけることなしに、安定した有機栽培を続けることはできない。

戻し堆肥　完成堆肥を原料に加えて堆肥づくりをする方法。完成堆肥を加えることによって、水分やC／N比の調製が行ないやすく、また完成堆肥中には有用微生物が多いので発酵も安定し、短期間に良質堆肥ができるようになる。だいたい堆肥原料の二〜三割程度を用意し、堆肥原料と混合、堆積することが多い。

や行

有機栽培・化成栽培　有機物を発酵さ

せて肥料とする栽培方法を有機栽培といい、化学肥料（化成肥料、高度化成、単肥など）を使う栽培方法を化成栽培という。一般には発酵を経ない有機質肥料でも、有機物を肥料として使えば有機栽培と呼ぶことが多いが、本書で勧める有機栽培は、有機質を発酵させた堆肥やアミノ酸肥料、そしてミネラル肥料を使う。

養生期間　中熟堆肥を圃場へ施用したときに、有用微生物が土の中で増殖し、勢力を拡大するのに要する期間のことをいう。この養生期間中に有用微生物は、圃場の中の未熟有機物の分解を進め、同時に作物にとって有害な微生物を抑えながら増殖する。この期間を過ぎれば、より安心して作物の作付けを行なうことができる。なお、養生期間は三週間を目安としている。

養生処理　畑に施用した中熟堆肥中の有用微生物の増殖を促して、発生している土壌病虫害を抑制・防除する方法のこと。堆肥中に土壌病害虫を抑えることのできる有用微生物（主に放線菌や納豆菌）が多いこと、施用後に適当な土壌水分条件（三五～四〇%）と温度（二五℃以上）と時間（二〇～三〇日程度）を確保することがポイントになる。ハウスなどの施設では太陽熱と併用すれば、より効果的である（太陽熱利用養生処理）。また、養生処理後は有機物の分解が進み、土はサラサラした感じに変化する。

養生発酵　→一次発酵・二次発酵・養生発酵

葉緑体・葉緑素　植物がもっている緑の色素を葉緑素といい、その葉緑素を含んだ細胞の中の器官を葉緑体という。光合成を行なう植物のもっとも基本的な器官がこれ。葉緑素はクロロフィルともいい、19ページで紹介したタコのような形をしている。タコの本体は、中心に苦土（マグネシウム）をもっており、そのまわりを四つのチッソが囲んでいる。この葉緑素を多数アンテナのように並べて、光のエネルギーを効率よく受けとめられる構造になっている。葉緑素は光エネルギーを電気エネルギーに変え、その電気エネルギーで炭水化物をつくり出すことができるエネルギー変換器であり、炭水化物合成機関でもある（→光合成）。

あとがき

「有機栽培の基礎と実際」を出版してから早くも二年が過ぎようとしています。この間、後継者の減少は続き、自給率は低迷、作物の国際競争に農家は翻弄され続けています。その一方で、食の安全性についての関心は、消費者・生産者のあいだでこれまでになく高まっています。

暗いことばかりに見えるかもしれませんが、私には時代が有機栽培を待ち望んでいるように思えます。科学的な有機栽培を行なうことにより多収穫高品質の農業生産が可能になります。多収穫は、多くの消費者に購入し続けてもらえるような適当な価格での農産物生産を可能にする土台になります。そして高品質は、安全でおいしく、健康にもよい、すぐれた農産物をつくり出すことで、農家が農業を続けていける誇りを培います。そして、このような希望を感じて、有機栽培に関心を持つ、新しい農業後継者が育ってくるたしかな胎動のようなものを感じるからです。

有機栽培はいまの閉塞状況を変えていく、たしかな力を持っています。

このような時代を切り開く力をもつ有機栽培を行なうのは、ひとりひとりの農家です。日々移り変わる天候のもとで、作物の声に耳を傾けながら、農作物の手入れを倦むことなく続けていかなければなりません。では、そんな日常のなかで、すぐれた農産物を安定して得るためには、何が必要でしょうか。私は、有機栽培の原点を見定めることだと思います。その原点とは、有機栽培を支える「土」です。

本書は、有機栽培に必要不可欠な情報として、有機栽培の三つの資材（アミノ酸肥料、堆肥、ミネラル肥料）、そして微生物の働きについて紹介しています。そして、これらの資材や微生物が圃場の中で連携しあいながら、有機栽培を支える土としてどのように機能するかについて、できる限り初心者にもわかるように解説しました。

有機栽培を理解するうえでこれらの知識や資材の科学的な理解は、実際の圃場においてさまざまな問題が起きたとき、または多収穫高品質を目指す時には必ず立ち戻らなければならない内容です。さらに、有機栽培技術のよりいっそうの深化を求めるのであれば、基礎的な事柄の理解は、その方向性を誤らぬためにもっとも重要なことであり、応用をするためにも不可欠なことです。

読者の皆さまにはぜひ、作物がどうやって体をつくり、土の中では何がおこり、作物を中心に太陽、水、空気、温度、肥料、堆肥、微生物がどのように働き・連携しているかを、頭の中でパノラマのように描けるまで、何度もくり返し本書を読んでいただきたいと思います。そのことが、読者の皆さまにとっては大きな力となり、たしかな支えとなるはずです。それこそ、私の願うことなのです。

前著を有機栽培の基礎編とすれば、本書は有機栽培で使う肥料などについて記述した資材編ということができます。そして、今後、イネ編、野菜編、果樹編と各作目ごとの有機栽培の実践シリーズを書き下ろす予定です。あわせてお読みいただければ幸いです。

最後に、本書に写真を提供していただいた農事生産組合野菜村の日向昭典氏、有機栽培あゆみの会の丸山訓氏、読者の視点からの校正をお願いした生産者の皆様、そして前作同様、この本の制作に多大なる援助をいただいた柑風庵編集耕房の本田耕士氏に、この場を借りて謹んでお礼申し上げます。

二〇〇七年一〇月

小祝　政明

著　者　**小祝　政明**（こいわい　まさあき）

1959年，茨城県生まれ。大学の外国語学部と，さらに農業関係の大学で学んで現場に。その後オーストラリアで有機農業の研究所に勤務して，帰国。

現在は，有機肥料の販売，コンサルティングの㈱ジャパンバイオファーム（長野県伊那市）代表を務めながら，経験やカンに頼るだけでなく客観的なデータを駆使した有機農業の実際を指導している。

著書に『有機栽培の基礎と実際』（農文協）がある。

編　集　**本田　耕士**（柑風庵　編集耕房）

小祝政明の実践講座 1

有機栽培の肥料と堆肥――つくり方・使い方

2007年 12月25日　第1刷発行
2022年　1月20日　第11刷発行

著者　小祝政明

発行所　一般社団法人　農山漁村文化協会
住　所　〒107-8668　東京都港区赤坂7丁目6－1
電　話　03(3585)1142(営業)　03(3585)1147(編集)
FAX　03(3589)1387　　振替　00120-3-144478
URL　https://www.ruralnet.or.jp/

ISBN978-4-540-07144-7　　DTP制作／(株)農文協プロダクション
〈検印廃止〉　　印刷／(株)新協
Printed in Japan　　製本／根本製本(株)
定価はカバーに表示
乱丁・落丁本はお取り替えいたします。